소박하지만 특별한
생활 속의 미식을 즐겨볼까요?

레시피팩토리는 행복 레시피를
만드는 감성 공작소입니다.
레시피팩토리는 모호함으로 가득한
세상 속에서 당신의 작은 행복을 위한
간결한 레시피가 되겠습니다.

특별함이 필요한 모든 순간

이렇게 쉬운 **미식** 레시피

'이렇게 쉬운 미식 레시피'라면

집에서도 부담 없이 미식을 즐길 수 있습니다

아무것도 모르는 철없던 제가 시집와서 아이를 낳고 시어머니를 모시고 살면서
가장 힘들었던 것은 남다른 미식가였던 어머니의 삼시 세 끼를 차리는 일이었습니다.
아침을 먹으면서도 점심, 저녁 식사로 무엇을 먹을지 얘기하시는 것은 물론이고,
대화의 주제가 거의 음식, 식재료였을 정도로 제 인생의 시집살이는 오직 음식과의
전쟁이라고 해도 과언이 아니었지요. 아침 식사를 시작으로 매일 시어머니의 점심 도시락과
저녁 식사, 특별한 안주상을 준비했습니다. 시어머니의 입맛을 만족시켜 드리기에는
제가 너무 무지했어요. 제가 차린 밥상에 무엇이 잘못되었고 어떤 재료가 빠졌는지,
부족한 부분을 지적하실 때마다 얼마나 가슴이 떨리고 무서웠던지… 돌아서면 다가오는
그 힘들었던 식사 준비가 이제는 저의 큰 재산이 되었고 가장 잘하는 것이 되었습니다.

남편도 시어머니의 영향으로 역시 미식가였습니다. 그는 먹어본 음식을 재현하는 것을
특히 좋아했어요. 남편이 메뉴를 말로 풀어내면 전 그대로 음식을 만들곤 했습니다.
손님을 초대하는 것을 워낙 좋아했던 남편은 초대한 사람과 상황에 맞게 메뉴를 구성하고
그 메뉴에 어울리는 술과 음악을 준비하는 것도 즐겼습니다. 이런 남편의 영향으로
우리는 3년간 쿠킹 클래스 '남자들의 요리'를 운영하기도 했습니다. 이 클래스는 남자들도
쉽고 폼나게 따라 할 수 있는 '미식 레시피'를 소개하면서 입소문을 탔지요. 참여했던
많은 분이 '이렇게 쉬운 미식 레시피'라면 집에서도 부담 없이 미식을 즐길 수 있겠다며
만족하셨습니다. 그때를 떠올리며 더 많은 사람이 맛있는 음식으로 소통할 수 있기를
바라는 마음으로 이 책을 기획하게 되었습니다.

제 딸 정현이는 시어머님의 입맛과 남편의 솜씨를 그대로 빼닮았습니다.
'음식은 단순히 먹는 것이 아니라 행복과 감동을 주고 소통을 할 수 있게 하는 매개체'라고
말하곤 하는 정현이는 이제 먹는 것보다 직접 요리하는 것을 더욱 즐기게 되었지요.
〈특별함이 필요한 순간, 이렇게 쉬운 미식 레시피〉는 저와 제 딸 정현이가 남편과 함께
개발했던 레시피를 토대로 만든 뜻깊은 책입니다. 사람을 좋아하고 요리로 많은 사람과
소통하길 원했으며 가족 간의 치유의 연결고리가 '요리'라고 생각했던 남편에게 이 책이
행복한 선물이 되길 바랍니다.

더불어 항상 고맙고 미안한 친정엄마, 보이지 않는 곳에서 나를 뒷바라지해주는 동생들,
이제 너의 인생을 살라며 멀리서 응원해주는 두 시누이, 든든한 버팀목이 되어준 아들
재현이와 수호신처럼 옆에서 날 지켜준 우리 예쁜 딸 정현이에게 감사의 인사를 전합니다.

엄마 송영미 *[서명]*   딸 김정현 *[서명]*

Contents

Chapter 1

담기만 해도 요리가 된다

초간단 미식요리

●
놓치면 안 될,
이 책의 베스트 메뉴

●
쉽게 구입할 수 있는 재료를
사용한 메뉴

●
아이들도 좋아하는 메뉴

완벽한 미식 레시피를 위한
정확한 계량법

계량스푼
1큰술 = 15㎖, 1작은술 = 5㎖

액체류
1큰술 : 가득 담는다.
1/2큰술 : 가운데 선까지 담는다.

가루, 장류
1큰술 : 가득 담아 윗면을 깎는다.
1/2큰술 : 반을 담아 윗면을 깎는다.

계량컵
1컵 = 200㎖

액체류
1컵 : 가득 담는다.

가루, 장류
1컵 : 가득 담아 윗면을 깎는다.

계량도구가 없을 때
계량스푼이 없을 때는 밥숟가락을 활용한다.
밥숟가락은 계량스푼에 비해 양이 적으므로(10~12㎖)
수북하게 담아 계량한다. 단, 밥숟가락은 집집마다 크기가 달라
맛에 오차가 생길 수 있으니 가급적이면 계량도구를 사용한다.
계량컵과 종이컵은 200㎖로 거의 비슷하므로
계량컵과 동일한 방법으로 계량한다.

양을 늘릴 때
이 책의 레시피는 대부분 1~2인분 기준.
레시피의 양을 늘릴 때 가장 중요한 것은 간 조절과
물의 양이다. 2인분 레시피를 4인분으로 늘릴 때는 식재료는
2배 분량으로 하되, 양념과 물의 양은 90%만 늘린 후
기호에 따라 간을 추가하고 물도 더한다.

조금은 생소한
미식 재료 & 양념

1 프로슈토(Prosciutto)
소금에 절여 건조한 이탈리아 전통 돼지다리
햄으로, 생 햄과 익힌 햄 두 가지가 있다.
멜론 등 단맛이 나는 생과일과 곁들이면
간단히 와인 안주로 제격.

2 살라미(Salami)
이탈리아식 건조 소시지로 얇게 썬 것이나
소시지처럼 길쭉한 형태로 판매된다.
맥주나 와인, 위스키 등 모든 술과
잘 어울리는 최고의 안주. 일반 다른 햄 보다
맛이 강하고 향신료가 많이 들어가서
특유의 향과 풍미가 좋다. 생과일 보다는
말린 과일과 더 잘 어울린다.

3 까망베르(Camembert) & 브리(Brie) 치즈
프랑스의 대표적인 치즈로 겉은
단단한 하얀 곰팡이로 덮여있고 안에
크림과 같이 부드럽고 짭쪼롬하면서 고소한
치즈가 숨어있다. 까망베르와 브리 치즈는
생산되는 지역이 달라 이름이 다를 뿐.
만드는 과정이 거의 비슷하며 맛에
큰 차이가 없다.

4 페타(Feta) 치즈
그리스의 대표적인 치즈이다.
염소의 젖으로 만든 것으로 맛과 향이
강한 것이 특징. 단단한 질감의 소금물에
담가 보관하기 때문에 염도가 높다.
올리브유를 뿌린 샐러드에 잘 어울리며
라자냐에 넣어도 색다르게 즐길 수 있다.

5 리코타(Ricotta) 치즈
발효시키지 않은 치즈로 맛이 담백하고
순두부처럼 부드러워 치즈를 좋아하지
않거나 익숙하지 않아도 쉽게 즐길 수 있는
치즈 중 하나. 일반적인 치즈의 짠맛보다는
우유의 고소한 향이 진하고 맛이 강하지
않으므로 거부감 없이 먹을 수 있다.

치즈류 구입처 : 대형마트, 백화점 등의
유제품 코너는 물론. 청담동의 구어메494.
SSG 푸드마켓. 또는 한남동의 한남 슈퍼마켓
등의 치즈 전문 코너. 인터넷 치즈 전문
쇼핑몰도 많이 늘고있는 추세다.

채소 & 허브

1 이탈리안 파슬리

일반적으로 장식용으로 많이 쓰이는
컬리 파슬리와는 모양도, 향도, 맛도 다르다.
컬리 파슬리가 꽃 모양이라면 이탈리안
파슬리는 줄기가 길게 나 있고 잎도
듬성듬성 나있다. 향이 센 편이 아니라
거의 모든 요리에 잘 어울린다.

2 로즈메리

음식의 감초! 육류, 특히 스테이크에 많이
사용한다. 방울토마토와 마늘 등을 구울 때
로즈메리를 살짝 넣으면 이국적인 풍미를
낼 수 있다.

3 루콜라

고소하면서도 쌉싸름한 맛. 톡쏘는 맛을 내는
채소로 이탈리아 요리에 가장 널리 쓰인다.
피자의 토핑 등 다양한 요리에 잘 어울리지만
특히 샐러드용으로 가장 많이 사용하는
채소 중 하나다.

4 타임

육류나 조개요리에 많이 사용하는 허브. 보통
말린 가루를 많이 사용하나 요즘은 생 타임도
대형마트에서 쉽게 구입할 수 있다.

5 민트

상큼한 레몬이나 라임 또는 딸기 등의
베리류나 디저트에 가장 잘 어울리는 허브다.
집에서 직접 키우기도 매우 쉽다.

6 바질

향이 강한 편이지만 참 향긋하다. 치즈나
토마토를 사용한 음식에 활용하면 입맛을
돋운다. 파스타나 피자, 샐러드에 넣어도
좋지만 생수에 바질을 넣어 즐겨도 좋다.

7 딜

비린내가 날 수 있는 생선요리에 넣으면
정말 좋은 허브. 유럽에서는 절인 생선에
딜을 곁들이는데, 마치 초밥과 와사비가 만난
것처럼 잘 어울린다. 전어 초절임(168쪽)에
활용하거나 삶은 감자, 케이퍼, 마요네즈를
함께 버무린 후 딜을 약간 뿌려도 간단하고
맛있는 콜드 디쉬가 된다.

허브류 구입처 : 가락시장_북문 다동 240호
속리산 유통(02-400-6823), 대형마트, 백화점
등의 채소 코너, SSG 푸드마켓 또는 한남동의
한남 슈퍼마켓 채소 코너.

소스

1 복분자 간장
복분자 간장(몽고식품)은 복분자술을 넣어 만든 간장으로
양조간장보다 조금 맑고 달큰하다. 이 책 속 레시피는
양조간장을 사용했지만 복분자 간장으로 대체하면 맛이
더 좋다. 특히 홍콩식 우럭찜(82쪽)은 복분자 간장을
사용해야 훨씬 깊은 맛을 낼 수 있다. 복분자 간장에
식초를 섞어 생선회나 전을 찍어 먹어도 좋다.

2 우스터소스
새콤하고 짜릿한 맛을 내는 소스로 육류나 생선요리는
물론, 스튜나 샐러드 드레싱으로 활용해도 잘 어울린다.
돈가스소스나 스테이크소스를 만들 때도 빠지지 않고
들어가는 활용 만점 소스.

3 화이트와인 식초
화이트와인을 발효해 만든 식초로 맛이 가볍고 산뜻해
샐러드 드레싱에 쓰기 적합하다. 토마토나 과일,
해산물을 마리네이드할 때 사용하면 좋다.

4 스리라차소스
쌀국수 전문점에 볼 수 있는 붉은색의 매운 태국식
소스. 톡 쏘는 알싸한 매운맛이 난다. 매운맛을 좋아하는
한국인의 입맛에 잘 맞는다. 스리라차소스에 마요네즈를
약간 섞으면 부드러운 매운맛을 느낄 수 있다.

5 디종 머스터드
겨자씨와 향신료를 이용하여 만든 프랑스 소스 종류
중 하나. 톡 쏘는 매운맛과 코 끝이 찡한 알싸함이
느껴진다. 샐러드 드레싱을 만들거나 샌드위치
스프레드로 활용해도 좋고, 스테이크에 살짝 발라
먹어도 맛있다. 겨자씨를 갈아 만들어 부드럽게
즐길 수 있는 디종 머스터드와 겨자씨의 알갱이가
그대로 살아 있는 홀그레인 머스터드가 있다.

6 그랑 마니에르
오렌지 향이 나는 술 종류 중 하나이다. 향이 좋아
요리할 때 사용하기 좋다. 오렌지를 활용한 디저트에
넣으면 풍미가 깊어지고 더욱 맛이 좋다.
향긋한 오렌지소스를 만들 때 넣거나 오렌지 마들렌,
파운드 케이크에 넣어도 좋다. 따뜻한 오렌지 얼그레이
차에 넣어 마시면 색다른 느낌의 티 칵테일이 된다.

소스류 구입처 : 대형마트, 백화점 등의 수입 소스 코너
그랑 마니에르 구입처 : 대형마트, 백화점 등의 주류 코너

- 기타

1 푸아그라

고급 식재료인 푸아그라는 우리나라에서 흔히 접할 수
있는 것은 아니지만, 프랑스에서는 즐겨 먹는 음식이다.
크고 지방이 많은 거위나 오리 간으로 버터와 같이
부드러운 식감과 풍미가 있다. 빵이나 크래커에 발라
먹거나 느끼함을 잡아 주기 위해 과일과 함께 먹기도
하는데, 매우 훌륭한 와인 안주가 된다. 달군 팬에 겉을
노릇하게 익혀 푸아그라 스테이크로 먹어도 별미다.

2 케이퍼

지중해 연안에서 자라는 식물인 '케이퍼'의 꽃봉오리를
사용해 만든 피클이다. 일반적으로 훈제연어와 함께
먹는다. 오이피클이나 할라피뇨 보다 톡 쏘는 맛이
강하고 향이 좋아 생선이나 육류에 곁들여 먹으면
좋다. 생선튀김에 곁들이는 타르타르소스에 오이피클
대신 케이퍼를 다져 넣어도 색다르다. 좀 더 색다르게
즐기려면 케이퍼를 기름에 튀겨 샐러드에 뿌리거나
매시드 포테이토에 곁들이면 입안에서 톡톡 터지는
재미있는 식감을 느낄 수 있다.

3 트러플 오일, 트러플 페스토, 트러플 꿀

트러플, 송로버섯은 세계 3대 식재료로 뽑힐 만큼
고급 식재료이다. 음식에 아주 약간의 트러플만 넣어도
특유의 풍미가 넘쳐 고급스러운 음식을 완성할 수 있다.
가열하면 향이 날아가기 때문에 날 것으로 트러플의
향을 즐기며 먹는 것이 중요하다. 트러플은 인공 재배가
되지 않아 채취도 어렵다고 한다. 워낙 귀한 식재료이기
때문에 쉽게 구하기도 어렵고, 구할 수 있다고 해도
선뜻 구입할 수 있는 가격도 아니다. 하지만 요즘은
대형마트에서 오일이나 페스토, 꿀 등에 트러플의 향을
입힌 식재료를 쉽게 구입할 수 있다. 이들을 활용해
트러플 향을 요리에 더해보자.

푸아그라 구입처 : 대형마트, 백화점 등의 냉동 코너
케이퍼 구입처 : 대형마트, 백화점 등의 수입 소스 코너
트러플 오일 등 구입처 : 대형마트, 백화점 등의
수입 소스 코너

*토마토소스

*바질소스

한 번 만들어두면 두고두고 잘 사용할 수 있는 **홈메이드 소스**

토마토소스

요즘은 마트에서 시판 토마토소스를 구입해 간편하게 요리할 수 있다. 하지만 직접 정성 들여 만든 소스의 신선한 맛과는 확연히 차이가 난다. 토마토, 양파, 마늘 세 가지 기본 재료만으로 가장 맛있는 홈메이트 토마토소스를 만들어 보자. 한 솥 가득 끓여 조금씩 나눠 냉동실에 보관하면 두고두고 잘 활용할 수 있다. 다진 쇠고기, 채소를 볶은 후 토마토소스를 넣어 함께 끓이면 볼로네제 미트소스가 되고 생크림을 넣어 로제 파스타소스를 만들 수도 있다. 물론, 기본 소스 만으로도 충분히 맛있게 즐길 수 있다. 카펠리니에 방울토마토와 따뜻하게 끓인 토마토소스를 올리고 파르미지아노 레지아노 간 것 또는 파마산 치즈 가루를 뿌려 비비면 얇은 소면과 같은 파스타에 듬뿍 묻어나는 소스의 풍성함을 제대로 느낄 수 있다.

재료 약 3~4회분 · 60분
- 토마토홀 1캔(작은 것, 400g)
- 양파 1개(200g)
- 마늘 5쪽(25g)
- 월계수잎 2장
- 올리브유 4큰술
- 소금 약간
- 후춧가루 약간

1 양파는 가늘게 채 썰고 마늘은 곱게 다진다.

2 약한 불로 달군 팬에 올리브유를 두르고 양파와 다진 마늘을 넣어 금빛 갈색이 될 때까지 약한 불에서 20분간 볶는다.

3 토마토홀과 월계수잎을 넣고 중약 불에서 20분간 뭉근하게 끓인다.

4 월계수잎을 건져내고 핸드블랜더 또는 믹서로 곱게 갈아 체에 내린 후 다시 냄비에 부어 약한 불에서 10분간 끓인다. 식힌 후 냉장 보관한다(냉장실에서 14일, 냉동실에서 한 달 간 보관 가능).

응용요리 퀘사디아(56p), 또띠야 마르게리타(58p), 양배추 미트볼롤(96p), 미트소스 파스타(108p), 펜네 로제 파스타(112p), 베이컨 시금치 카넬로니(114p), 가지 라자냐(116p), 콜드 파스타(118p)

바질소스

바질소스는 일반 페스토보다 보관 기간이 길며 응용하기 쉽고 다양한 음식에 잘 어울린다. 여름철 저렴한 바질을 듬뿍 구입해 바질소스를 여러 병 만들어두면 선물용으로도 좋다. 다양한 식재료와 바질소스를 추가해 새로운 소스를 만드는 재미도 있다. 잣과 파마산 치즈를 더해 갈면 바질페스토가 된다. 생 토마토나 썬드라이드 토마토를 넣고 갈아 로소페스토(붉은색 페스토)를 만들 수 있고 피스타치오와 레몬제스트를 넣어 갈아도 색다른 페스토가 완성된다. 루콜라를 듬뿍 넣어 갈면 바질 향과 잘 어우러져 산뜻하게 즐길 수 있고 안초비와 케이퍼를 더해 갈면 빵에 발라먹는 스프레드로도 제격이다. 파스타소스는 물론, 그라탱이나 생선요리, 고기요리 모두 다 잘 어울린다.

재료 약 5~6회분 · 10분
- 바질 100g(약 4줌)
- 올리브유 1컵
- 마늘 1쪽(5g)
- 소금 1작은술

1 믹서에 모든 재료를 넣고 곱게 간다.

2 소독한 유리 용기에 ①을 담아 냉장 보관한다(냉장실에서 한 달 간 보관 가능).

유리 용기 소독하기
물(1컵)을 끓여 유리 용기에 담고 흔들어 소독한 후 뒤집어 물기를 완전히 없앤다. 화상의 위험이 있으니 장갑을 끼고 소독한다.

응용요리 토마토 루콜라샐러드(32p), 세발나물을 곁들인 바질소스 산낙지 초회(78p)

담기만
해도
요리가 된다

초간단 미식요리

Chapter

1

별 다른 조리 없이 만드는 핑거푸드나 샐러드 등 간단한 메뉴들은
손님이 오실 때면 아뮤즈부쉬나 애피타이저로 내곤 하는데,
친숙하면서도 색다르다며 레시피를 알려달라는 분들이 특히 많았습니다.
첫 장에서는 가장 많이들 궁금해했던 바로 그
초간단 미식 요리들을 소개하겠습니다.

Deviled egg

데빌드 에그

데빌드는 데빌(Devil : 악마)에서 만들어진 단어이지만,
그 뜻은 맵고 자극적인 양념을 했다는 것이에요.
데빌드 에그는 달걀을 반으로 썰어 노른자만 꺼내 조금 강하게
양념한 후 다시 흰자에 채운 메뉴로, 평범한 식재료 달걀을
멋스럽게 즐기도록 해줍니다. 애피타이저는 물론 간식으로도
제격이에요. 달걀은 꼭 완숙으로 삶아야 해요. 찬물에 달걀을 넣고
삶은 후 불을 끈 즉시 찬물에 담가 식히면 달걀이 깨지지 않고
껍질도 깔끔하게 벗겨져요.

재료 2인분 · 시간 30분
- 달걀 3개
- 올리브유 2큰술
- 빵가루 1/2컵(25g)
- 레몬제스트(레몬 껍질 다진 것) 1큰술
  ★ 레몬제스트 만들기 42쪽 참고
- 다진 이탈리안 파슬리 약간(생략 가능)

양념
- 파르미지아노 레지아노 간 것
  (또는 파마산 치즈 가루) 2큰술
- 다진 마늘 1/2큰술
- 레몬즙 1큰술
- 마요네즈 2큰술
- 디종 머스터드(또는 홀그레인 머스터드) 1작은술
- 우스터소스 1/2작은술

1 냄비에 달걀과 달걀이 잠길 만큼의 물을 붓고 15분간 삶는다.
   찬물에 담갔다가 껍데기를 벗겨 길로 2등분한 후
   노른자와 흰자를 분리한다.

2 볼에 달걀노른자와 양념 재료를 넣고 포크로 으깨가며 섞는다.

3 달군 팬에 올리브유, 빵가루, 레몬제스트를 넣어
   중간 불에서 노릇해질 때까지 볶는다.

4 달걀흰자에 ②를 채운다.
   ③을 올리고 다진 이탈리안 파슬리를 뿌린다.

Tip
속재료로 카나페, 브루스케타 만들기
달걀흰자도 으깨어 노른자, 양념과 함께 섞어
크래커 위에 올리면 간편하면서도
멋진 카나페를 만들 수 있어요.
1cm 두께로 썬 바게트 위에 올리면
브루스케타로도 활용할 수 있습니다.

Asparagus with
poached egg

구운 아스파라거스와 수란

아스파라거스의 매력이 돋보이는 훌륭한 애피타이저입니다.
브런치로도 추천하고 싶어요. 아삭한 식감을 살린 아스파라거스에
부드럽게 톡 터지는 수란을 올려 함께 먹으면 정말 맛있지요.
아스파라거스의 아삭한 식감을 살리는 것이 중요하니 너무 많이
익지 않도록 살짝만 구우세요. 수란은 실패하기 쉬운데,
물에 소금, 식초를 넣고 달걀을 익히면 모양이 잘 만들어집니다.

재료 2인분 · 시간 20분
- 아스파라거스 6줄기
- 달걀 2개
- 올리브유 1큰술
- 소금 약간
- 통후추 간 것 약간

1 아스파라거스는 밑동을 제거하고 껍질을 필러로 벗긴다.

2 달군 팬에 올리브유, 아스파라거스를 넣어 센 불에서
30초간 구운 후 불을 끄고 소금, 통후추 간 것을 뿌린다.

3 달걀은 노른자가 풀어지지 않도록 작은 볼에 1개씩 깬다.

4 냄비에 물을 넉넉하게 붓고, 소금(1작은술), 식초(1큰술)를 넣어
센 불에서 끓어오르면 중약 불로 줄여 숟가락으로 물을 세게 저어
회오리를 만든다. 회오리의 가운데에 ③의 달걀 1개를 조심스럽게
넣고 2분간 익힌다. 같은 방법으로 하나 더 만든다.

5 그릇에 구운 아스파라거스를 담고 수란을 올린 후
통후추 간 것을 뿌린다.

Tip 아스파라거스 손질하기

아스파라거스는 딱딱한 밑동 부분을
약 1~1.5cm 썬 후 필러로 겉의 섬유질을
살짝 벗긴 후 조리해야 질기지 않고 아삭해요.

Chicken breast mousse
with mushroom &
tuna mousse with celery

닭가슴살무스를 채운
양송이버섯 &
참치무스를 채운 셀러리

닭가슴살무스를 채운 양송이버섯
약간 생소할 수 있지만 양송이버섯은 신선할 때 생으로 먹는 것이
가장 맛있습니다. 씹을수록 특유의 고소한 맛을 느낄 수 있거든요.
신선한 양송이버섯을 깨끗이 손질해 닭가슴살무스를 넉넉히 채운
이 메뉴는 색다른 맛의 조합을 경험하게 해줄 겁니다.

참치무스를 채운 셀러리
평범한 통조림 참치를 다시 돌아보게 하는, 참 맛있는 메뉴입니다.
씹을수록 셀러리의 아삭한 식감이 참치무스와 잘 어우러져
느끼하지 않고 깔끔하게 즐길 수 있어요. 두 가지 무스 모두
크래커에 올려 먹거나 샌드위치 속 재료로 활용해도 좋아요.

재료 4인분 · 시간 30분
- 양송이버섯 20개(또는 표고버섯, 400g)
- 셀러리 30cm 3대

닭가슴살무스
- 통조림 닭가슴살 1캔(중간 것, 150g)
- 케이퍼 10개
- 마늘 1쪽(5g)
- 마요네즈 3큰술

참치무스
- 통조림 참치 1캔(큰 것, 150g)
- 파르미지아노 레지아노 간 것
  (또는 파마산 치즈 가루) 1큰술
- 케이퍼 10개
- 마늘 1쪽(5g)
- 마요네즈 3큰술

1 양송이버섯은 마른 행주로 닦은 후 기둥을 제거하고
  껍질을 살짝 벗긴다. 셀러리 겉의 굵은 섬유질을 살짝 벗겨낸 후
  먹기 좋은 길이로 썬다

2 각 무스의 통조림은 체에 밭쳐 기름기를 제거한다.

3 푸드프로세서에 각각의 무스 재료를 넣고 곱게 간다.

4 양송이버섯과 셀러리에 각각 닭가슴살무스, 참치무스를 채워 넣는다.

Tip
양송이버섯 대신 표고버섯으로 만들기
닭가슴살무스와 표고버섯도 잘 어울려요.
표고버섯도 신선할 때 생으로 먹곤 하는데요,
양송이버섯 보다 향이 강해 조금 부담스러울 수
있어요. 이럴 때는 표고버섯의 기둥을 제거하고
무스로 속을 채운 후 파르미지아노 레지아노
간 것(또는 파마산 치즈 가루)를 뿌려 180℃로
예열된 오븐에서 치즈가 녹을 때까지 10분간
구워요. 치즈 풍미까지 더해져 더욱 맛있답니다.

★ 과카몰리
027p

★ 아보카도와
타바스코 간장소스
027p

★ 아보카도 베이컨
스프레드와 나초칩
026p

Avocado bacon
spread
with nacho chips

아보카도 베이컨 스프레드와 나초칩

자칫 느끼할 수 있는 아보카도와 고소하면서도 짭짤한 베이컨은
찰떡궁합 식재료. 베이컨을 바삭하게 구운 후 잘게 다져서
아보카도에 더하세요. 부서진 캔디 같이 바삭한 베이컨 토핑이
부드러운 아보카도에 더해져 재미있는 식감을 느낄 수 있어요.

재료 2인분 · 시간 10분
- 아보카도 1개
- 베이컨 5줄(75g)
- 나초칩(또는 크래커) 16개

양념
- 레몬즙 1큰술
- 소금 약간
- 후춧가루 약간

1 아보카도는 과육을 분리한 후 볼에 넣어 포크로 으깬다.

2 달군 팬에 베이컨을 넣어 중간 불에서 바삭하게 굽는다.
   키친타월에 올려 기름기를 제거하고 잘게 다지거나 부순다.

3 ①의 볼에 ②와 양념 재료를 넣어 섞은 후 나초나 크래커를 곁들인다.

Tip

아보카도 잘 익히기

잘 익은 아보카도의 껍질은 사진처럼
검은 색이에요. 보통 마트에서는 껍질이
초록색인 덜 익은 아보카도를 파니, 구입 후
실온에서 후숙시켜 사용하세요. 아래 사진처럼
껍질색이 변해요. 눌러봤을 때 약간 말랑한
느낌이 나면 잘 익은 거예요. 단. 후숙 후에는
쉽게 상할 수 있으니 빨리 먹는 것이 좋아요.

아보카도 손질하기

1 씨 부분까지 칼집을 깊숙이 돌려가며 내요.
2 씨를 중심으로 비틀어 반으로 나눠요.
3 칼로 씨 부분을 살짝 내리친 다음 비틀어
과육과 분리해요.

Guacamole

과카몰리

과카몰리는 우리나라 김치처럼 멕시코 대표요리 중 하나로,
멕시칸 식당에 가면 기본 반찬처럼 나오기도 합니다.
샐러드처럼 그냥 먹기도 하고, 나초칩이나 크래커를 곁들여
디핑소스로도 먹지요. 만들 때 가장 중요한 것은 부드럽게
으깨질 수 있는, 잘 익은 아보카도를 고르는 것이에요.

재료 3~4인분 · 시간 20분

- 아보카도 1개(200g)
- 토마토 2개(300g)
- 양파 1/2개(100g)
- 청양고추 1개
- 라임즙(또는 레몬즙) 1큰술
- 사과식초(또는 양조식초) 1큰술
- 설탕 1작은술
- 소금 1/2작은술

1 아보카도는 손질해 과육을 분리한 후 볼에 넣어 포크로 으깬다.

2 토마토, 양파, 청양고추는 잘게 다진다.

3 ①의 볼에 모든 재료를 넣고 섞는다.
  샐러드처럼 그냥 먹어도 좋고 취향에 따라 크래커를 곁들인다.

Tip
아보카도와 타바스코 간장소스 만들기
아보카도 본연의 맛을 가장 제대로 즐길 수
있는 방법을 또 한 가지 알려드릴게요.
아보카도를 손질한 후 과육에 격자(#) 모양의
칼집을 넣고, 씨가 있던 오목한 자리에 사진처럼
양조간장(1큰술)과 타바스코(1작은술)를 넣어요.
아보카도 한 조각과 소스를 함께 떠서 맛보세요.
정말 별미랍니다. 애피타이저 또는 술 안주로도
아주 잘 어울려요.

Bruschetta

버섯을 올린 브루스케타

냉장고에 있는 남은 재료들을 처분할 수 있는 착한 메뉴.
브루스케타는 납작하게 썬 바게트(또는 다른 빵류)에 각종 재료를
올려 먹는 이탈리아 요리인데, 애피타이저로도 좋고 와인 안주로도
추천하고 싶어요. 레시피에 소개한 버섯 외에 사진처럼 파프리카나
가지 등을 볶아 올려도 맛있어요. 상큼한 화이트와인 식초에 버무린
토마토 살사를 올려도 좋고, 과일을 레몬즙에 버무려 리코타 치즈와
함께 올려도 멋스럽고도 근사한 요리가 뚝딱 완성됩니다.

재료 2인분 · 시간 30분
- 바게트 1/2개(약 15cm)
- 느타리버섯 1줌(50~60g)
- 양송이버섯 2개
- 마늘 1쪽
- 버터 1큰술
- 올리브유 1큰술
- 다진 마늘 1/2큰술
- 말린 허브 가루 1작은술
- 소금 약간
- 통후추 간 것 약간

1 바게트는 2cm 두께로 썰고 마늘은 2등분한다.
느타리버섯은 밑동을 제거한 후 결대로 찢고 양송이버섯은
밑동을 제거한 후 마른 행주로 닦아낸다. 모든 버섯은 3등분한다.
★ 가지를 사용할 경우 필러로 길게 썰어 소금을 뿌린다.
파프리카를 사용할 경우 가늘게 채 썬다.

2 달군 팬에 버터를 넣어 녹이고 바게트를 올려 중간 불에서 앞뒤로
노릇하게 구운 후 구운 바게트에 마늘을 문질러 향을 낸다.

3 팬을 닦고 중간 불로 달궈 올리브유, 다진 마늘을 넣고 1분,
버섯을 넣고 수분이 날아가 갈색이 될 때까지 2~3분간 볶은 후
말린 허브 가루, 소금, 통후추 간 것을 넣어 섞는다.
★ 수분이 날아갈 때까지 중간 불에서 타지 않게
천천히 볶아야 쫄깃하고 고소한 버섯볶음을 만들 수 있다.
가지와 파프리카도 같은 방법으로 굽는다.

4 바게트에 버섯볶음을 듬뿍 올린다.

Cabbage salad
with ramen flake

양배추
라면땅샐러드

아삭한 양배추와 오독오독한
라면땅이 어우러져 아주 재미있는 식감의
색다른 메뉴가 만들어졌어요.
아이들이 좋아할 것 같죠?
어른들이 특히 더 열광하는 메뉴랍니다.

재료 2인분 · 시간 15분(+ 드레싱 식히기 20분)
• 양배추 7장(손바닥 크기)
• 대파 10cm
• 시판 라면땅 과자 1컵

드레싱
• 설탕 1/3컵(50g)
• 사과식초(또는 양조식초) 1/4컵(50mℓ)
• 포도씨유 2/3컵(약 140mℓ)
• 양조간장 2큰술

1 냄비에 드레싱 재료를 넣고 약한 불에서
  끓어오르면 1분간 끓인 후 한 김 식힌다.

2 양배추는 가늘게 채 썰고, 대파는 송송 썬다.

3 큰 볼에 양배추, 대파를 넣어 가볍게 섞는다.
  ★ 아몬드 슬라이스 1/2컵, 통깨 2큰술을
  넣어 섞으면 더욱 고소하다.

4 먹기 직전에 ③의 볼에 라면땅 과자,
  드레싱을 넣어 가볍게 버무린다.
  ★ 먹기 직전에 드레싱을 넣고 버무려야
  라면땅의 바삭한 식감이 살아있다.

Homemade
thousand island
dressing
with iceberg

홈메이드
사우전 아일랜드
드레싱과 양상추

차갑고 아삭한 양상추에 드레싱을 듬뿍
올려 한입 크게 베어 물면 입 안에 부드럽고
풍부한 느낌이 가득해요. 드레싱이 매우
맛있어서 더 뿌려 달라는 이들이 많으니,
넉넉히 만드세요. 먹기 직전까지 양상추는
냉장실에 차게 보관하고, 걸쭉한 드레싱은
넉넉히 올리는 것이 포인트랍니다.

Tip 한 끼 식사로 든든하게 즐기기
빵이나 크래커에 버터를 발라 곁들이면 풍미도
좋고 더욱 든든하게 즐길 수 있어요.

재료 2인분 · 시간 20분
(+ 드레싱 숙성하기 2시간)
• 양상추 1통
사우전 아일랜드 드레싱
• 삶은 달걀 3개
• 양파 1/4개(50g)
• 오이피클 슬라이스 3쪽(15g)
• 셀러리 10cm
• 이탈리안 파슬리 1줄기(생략 가능)
• 마요네즈 1/2컵
• 레몬즙 1큰술
• 토마토케첩 2큰술
• 소금 약간
• 통후추 간 것 약간

1 양상추는 2등분한 후 흐르는 물에 씻어
  물기를 제거하고 냉장실에 넣어 차게 둔다.
2 삶은 달걀은 껍데기를 벗긴다.
3 달걀, 양파, 오이피클, 셀러리,
  이탈리안 파슬리는 잘게 다진다.
4 볼에 사우전 아일랜드 드레싱 재료를 넣고
  섞어 랩을 씌운 후 냉장실에 넣어 2시간 이상
  둔다. 양상추에 사우전 아일랜드 드레싱을
  곁들인다.

Tomato
arugula salad

토마토 루콜라샐러드

손님 초대 요리로 가장 즐겨 만들었던 샐러드입니다.
이 샐러드의 포인트는 담음새에 있어요. 수북이 쌓은 루콜라 위에
새빨간 토마토와 양파 슬라이스를 마치 새 둥지처럼 올려 내추럴한
멋을 냈지요. 토마토는 껍질을 제거해야 식감이 부드럽고
바질소스와 어우러지면서 간도 잘 배어요. 미리 만들어 냉장고에
보관했다가 차갑게 먹으면 더욱 맛있습니다.

재료 2인분 · 시간 20분

- 토마토 2개(300g)
- 루콜라 1과 1/2줌(30~40g)
- 양파 슬라이스(0.5~0.7cm) 2쪽
- 바질소스 2큰술
  ★ 바질소스 만들기 14쪽 참고
- 소금 약간

이탈리안 드레싱

- 다진 이탈리안 파슬리 2큰술
- 사과식초(또는 화이트와인 식초) 2큰술
- 레몬즙 1큰술
- 올리브유 6큰술
- 소금 1작은술(기호에 따라 가감)
- 다진 마늘 1작은술

1 토마토는 꼭지를 떼고 꼭지 반대 쪽에 열십(+)자로 칼집을 낸다.

2 끓는 물(3컵) + 소금(1큰술)에 토마토를 넣어 30초간 굴려가며 데친 후
  바로 얼음물에 담가 식힌다.

3 볼에 이탈리안 드레싱 재료를 넣어 섞는다.

4 데친 토마토는 껍질을 벗겨 가로로 2등분한 후
  단면에 소금을 살짝 뿌린다.

5 사진과 같이 토마토 위에 양파와 바질소스를 올리고
  나머지 토마토 반쪽으로 덮은 후 소금을 살짝 뿌린다.

6 그릇에 루콜라를 담고 ⑤를 올린 후 이탈리안 드레싱을 뿌린다.

Tip
토마토 껍질 벗기기

번거로울 수 있지만 토마토 껍질을 벗기면
훨씬 부드럽고 깔끔하게 즐길 수 있어요.
주스를 만들 때도 껍질을 벗겨 갈면 더 맛있지요.
토마토는 사진처럼 꼭지 반대편에 열십(+)자로
칼집을 낸 후 끓는 물에 데치자마자 찬물에 담가
식히면 껍질을 쉽게 벗길 수 있어요.

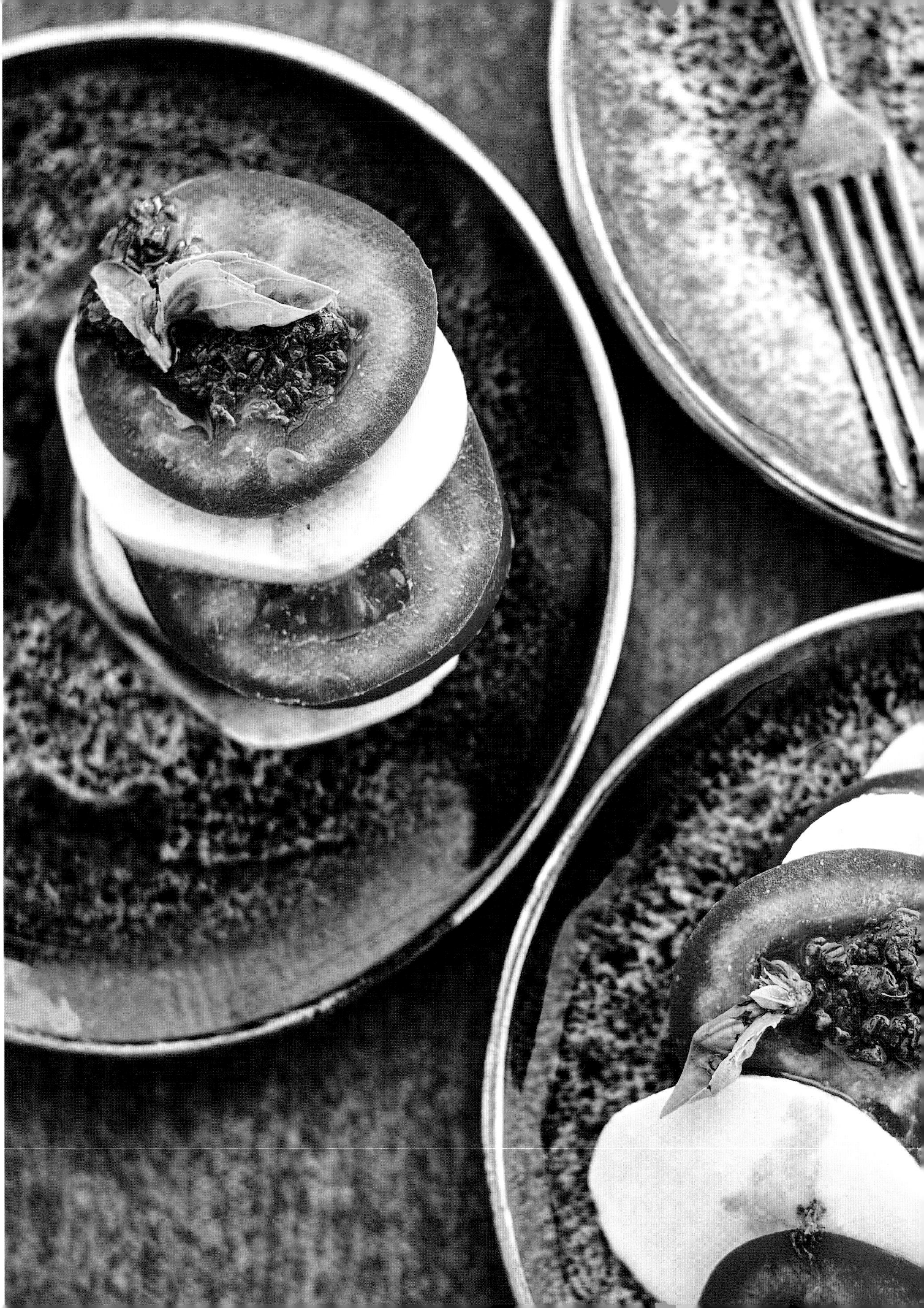

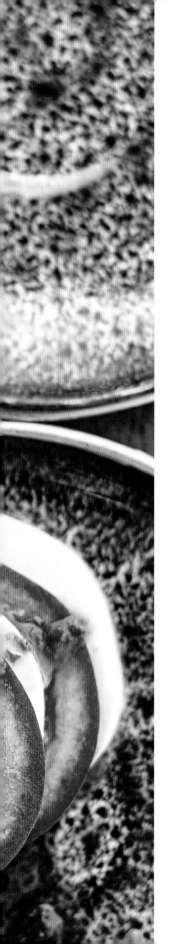

카프레제

모든 메뉴가 질 좋은 재료를 구하는 것이 중요하지만,
특히 카프레제는 생 모차렐라 치즈와 토마토를 되도록이면
좋은 것을 골라야 맛의 차이를 확연하게 느낄 수 있어요.
생 모차렐라 치즈는 종류가 다양한데 그 중에서 물소 젖으로 만든
부팔라(Bufala) 모차렐라 치즈가 단연 최고랍니다.
일반 모차렐라 치즈에 비해 우유 향이 풍부하고 훨씬 고소해요.
토마토는 단맛, 짠맛, 감칠맛이 뛰어난 봄철에 나오는
대저토마토를 사용하면 가장 맛이 좋습니다.

재료 2인분 · 시간 10분
• 생 모차렐라 치즈 1개(125g)
• 토마토 2개(300g)
• 바질잎 5장

드레싱
• 다진 바질잎 3장분
• 발사믹식초 3큰술
• 올리브유 5큰술
• 다진 마늘 1작은술
• 소금 약간
• 후춧가루 약간

1 생 모차렐라 치즈와 토마토는 모양대로 1cm 두께로 썬다.
2 볼에 드레싱 재료를 넣고 섞는다.
3 그릇에 생 모차렐라 치즈, 토마토, 바질잎을 담고 드레싱을 뿌린다.

Cherry tomato salad

방울토마토절임 샐러드

음식에 따라 가장 맛있는 온도가 있는데요,
특히 이 메뉴는 그 온도가 아주 중요하답니다.
방울토마토의 껍질을 제거하고 전날 드레싱에 버무려 냉장고에서
차갑게 숙성시키면 쫄깃하고 풍성한 식감이 살아나거든요.
평범해 보여 별로 기대 없이 맛보고는 신선하고 맛있다며
칭찬하는 메뉴이기도 해요. 고기요리나 크림 파스타에 곁들이면
잘 어울립니다.

재료 2인분 · 시간 20분(+ 숙성하기 12시간)
• 방울토마토 20개
• 양파 1/2개
• 어린잎 채소 1과 1/2줌(30g)

드레싱
• 다진 이탈리안 파슬리 1큰술
• 사과식초(또는 양조식초) 3큰술
• 꿀(또는 올리고당) 1큰술
• 올리브유 3큰술
• 포도씨유 5큰술
• 소금 1작은술
• 다진 마늘 2작은술

1 방울토마토는 꼭지를 떼고 꼭지 반대 쪽에 열십(+)자로 칼집을 낸다.
　양파는 굵게 다진다.

2 끓는 물(5컵) + 소금(1큰술)에 방울토마토를 넣어 20초간 굴려가며
　데치고 바로 얼음물에 담가 식힌 후 껍질을 벗긴다.

3 큰 볼에 드레싱 재료를 넣어 섞은 후 방울토마토, 양파를 넣고 버무린다.

4 냉장실에 넣고 하룻밤 정도 숙성시킨 후
　그릇에 담고 어린잎 채소를 올린다.

Tip
방울토마토 껍질 벗기기
방울토마토는 사진처럼 꼭지 반대편에 작게
열십(+)자로 칼집을 낸 후 끓는 물에 데치자마자
찬물에 담가 식히면 껍질을 쉽게 벗길 수 있어요.
일반 토마토에 비해 쉽게 물러질 수 있으니,
데치는 시간을 특히 더 준수하고 찬물에도
재빨리 넣으세요.

니스와즈샐러드

프랑스 남부의 니스 지역에서 먹기 시작한 샐러드로
유럽에서는 쉽게 접할 수 있는 메뉴입니다. 다양한 영양소의 재료가
들어가 식사 대용으로도 추천해요. 니스와즈샐러드는 참치와
안초비를 넣는 것이 포인트인데, 안초비는 다소 생소할 수 있지만
요즘은 대형마트에서 통조림 제품으로 쉽게 구할 수 있어요.

재료 2~3인분 · 시간 30분

- 삶은 감자 2개
- 로메인 5장
- 방울토마토 5개
- 삶은 달걀 3개
- 통조림 참치 1캔(큰 것, 150g)
- 굵게 다진 양파 3큰술
- 블랙 올리브 10개
- 안초비 5마리(10g)
- 화이트와인 식초 1/3컵(또는 식초, 70mℓ)
- 소금 약간
- 후춧가루 약간

드레싱

- 케이퍼 1큰술
- 디종 머스터드(또는 홀그레인 머스터드) 1큰술
- 식초 3큰술
- 올리브유 6큰술
- 소금 약간
- 후춧가루 약간

1 삶은 감자는 먹기 좋은 크기로 썰어 큰 볼에 넣고
  화이트와인 식초를 뿌린 후 냉장실에 넣어둔다.

2 로메인은 먹기 좋은 크기로 뜯는다.
  방울토마토는 2등분한 후 소금, 후춧가루를 뿌려 밑간한다.

3 삶은 달걀은 껍데기를 벗긴 후 길이로 6등분한다.

4 통조림 참치는 체에 밭쳐 기름기를 뺀다.

5 볼에 올리브유를 제외한 드레싱 재료를 넣어 섞은 후
  올리브유를 천천히 부어가며 섞는다.

6 ①의 볼에 드레싱 2/3 분량과 모든 재료를 넣어 가볍게 섞은 후
  그릇에 담고 나머지 드레싱을 뿌린다.

시저샐러드

원래 시저샐러드 드레싱은 달걀노른자,
파르미지아노 레지아노 간 것, 안초비 등으로
만들어요. 이 드레싱은 오리지널에 가까우면서도
조금 색다른 매력을 더해 개발한 것이에요.
꼭 만들어 보세요. 상상했던 것과 전혀 다른, 아주
매력적인 맛에 놀랄 겁니다. 드레싱은 넉넉하게
만들어 일주일 정도 냉장실에 보관 가능하고 디핑
소스나 샌드위치 스프레드 등으로 쓸 수 있어요.

재료 2인분 · 시간 20분
• 로메인 2통(또는 양상추 1/2통, 200g)
• 통조림 닭가슴살 1캔(중간 것, 150g)
• 파르미지아노 레지아노 간 것
  (또는 파마산 치즈 가루) 1큰술

시저 드레싱
• 달걀노른자 1개분
• 안초비 2~6마리(취향이나 크기에 따라 가감)
• 파르미지아노 레지아노 간 것
  (또는 파마산 치즈 가루) 1/4컵
• 포도씨유 1/3컵(70mℓ)
• 올리브유 1/4컵(50mℓ)
• 레몬즙 1큰술
• 다진 마늘 1작은술
• 우스터소스 1작은술(생략 가능)
• 소금 약간
• 후춧가루 약간

1 푸드프로세서에 시저 드레싱 재료를 넣고 곱게 간다.

2 로메인은 깨끗이 씻어 물기를 뺀 후 먹기 좋게 뜯고
  통조림 닭가슴살은 체에 밭쳐 기름기를 뺀다.

3 그릇에 로메인, 닭가슴살을 담고
  시저 드레싱을 뿌린 후 가볍게 섞는다.

4 파르미지아노 레지아노 간 것을 뿌린다.

Tip

로메인 이해하기

'로마인들이 즐겨 먹던 상추'라는 뜻의 로메인
(Romaine). 부드럽고 연한 식감과 쌉싸래한 맛이
있어 미국이나 유럽에서 샐러드로 가장 즐겨 먹는
채소 중 하나랍니다. 요즘 백화점이나 마트에서
대부분 판매하고 있어요.

Shrimp salad
with potato chips

감자칩을 곁들인 새우샐러드

한번 맛보면 계속 먹고 싶은 마약 같은 샐러드입니다.
특히 아이들에게 인기 만점인 메뉴예요. 새콤하고 고소한 드레싱에
버무린 탱글한 새우에 아삭한 양상추, 바삭한 감자칩을 더해 먹으면
맛과 식감이 정말 잘 어우러져요. 감자칩은 쉽게 눅눅해지니
접시 한 쪽에 곁들이거나 따로 담아 내세요. 블랙 올리브를
큼직하게 다져 새우와 함께 버무려도 맛있습니다.

재료 2인분 · 시간 25분
- 냉동 생 새우살 100g
- 양상추 1/2통
- 시판 감자칩 2줌
- 소금 약간

드레싱
- 삶은 달걀 1개
- 양파 1/4개(50g)
- 오이피클 슬라이스 2쪽(10g)
- 레몬제스트 1/2큰술
- 레몬즙 1큰술
- 마요네즈 3큰술
- 소금 약간
- 후춧가루 약간
- 다진 이탈리안 파슬리 약간(생략 가능)

1 냉동 생 새우살은 흐르는 물에 헹군 후
  끓는 물에 넣어 2분간 데쳐 물기를 뺀다.

2 데친 새우는 먹기 좋은 크기로 썰어 소금을 뿌린다.

3 삶은 달걀은 껍데기를 벗겨 잘게 다진다.
  양파, 오이피클도 같은 크기로 다진다.

4 볼에 드레싱 재료를 넣어 섞은 후 새우를 넣고 버무린다.

5 그릇에 양상추를 담고 ④를 올린 후 감자칩을 곁들인다.
  이탈리안 파슬리로 장식해도 좋다.

레몬제스트 만들기

제스트(Zest)는 레몬이나 오렌지 등의
겉껍질만을 벗겨 잘게 다진 것으로,
요리에 활용하면 상큼한 풍미를 더할 수 있어요.
이때 하얀 속껍질은 쓴맛이 나니 최대한 얇게
겉껍질만 벗기세요. 사진처럼 전용 도구인
'제스터'를 이용하면 가장 편리하지만, 없다면
필러나 강판을 이용해 껍질을 얇게 벗겨 잘게
다지세요. 제스트를 만들고 남은 레몬은
반으로 썰어 즙을 내 요리에 활용하세요.

Foie-gras
apple salad

푸아그라샐러드

캐비어, 송로버섯과 함께 세계 3대 진미로 손꼽히는 푸아그라.
지방이 많은 거위간으로 고소한 맛이 매력적인 반면 특유의 풍미가
있어 처음부터 즐기기 어려울 수 있어요. 이 메뉴는 겉을 바삭하게
구운 푸아그라에 상큼한 사과와 쌉싸래한 루콜라 등을 곁들인
샐러드로 푸아그라를 처음 먹는 이들도 아주 맛있게 먹는답니다.
만드는 법도 간단해 더욱 요긴한 메뉴입니다.

재료 2인분 · 시간 20분
- 푸아그라 80g
- 루콜라 1과 1/2줌(30~40g)
- 사과 1/2개
- 호두 1/2컵

1 센 불로 달군 팬에 푸아그라를 넣어 앞뒤로 1분간 굽고
  중간 불로 줄여 8~9분간 노릇하게 굽는다.
  ＊푸아그라는 익으면서 기름이 많이 나오고 크기가 작아진다.

2 사과는 껍질째 가늘게 채 썰고 호두는 굵게 다진다.
  ＊호두는 마른 팬을 달궈 살짝 볶아 사용하면 훨씬 고소하다

3 그릇에 루콜라를 깔고 구운 푸아그라를 올린 후
  채 썬 사과와 다진 호두를 뿌린다.

푸아그라 이해하기
푸아그라는 지방이 많고 크기가 큰 편인 거위간이에요. 품질에 따라
3등급으로 나뉘는데, 최고 등급의 푸아그라는 입안에서 버터처럼
살살 녹으며 고급스럽고 부드러운 맛을 냅니다. 백화점 식품매장이나
인터넷 식재료몰, 수입 재료 전문점 등에서 구입할 수 있어요.

Essay 1
by 딸 김정현

맛있는 여행
France 프랑스,
파리의 숨은 맛집

십 년 가까이 파리에 살았던 덕분에 이제는 웬만한 프랑스 여행 가이드 보다 훌륭한 가이드 가 될 수 있다. 파리에 여행을 가면 관광지에 소개된 관광명소 보다는 현지인들이 즐기는 숨 은 맛집들을 찾아다니곤 한다. 프랑스에 왔으면 제대로 된 프렌치 음식을 먹어야 하는데 내 가 파리에 가면 꼭 가야 하는 식당들이 몇 개 있다.

미슐랭 스타를 받은, 값 비싸고 좋은 프렌치 레스토랑도 많지만 나는 동네에 있는 역사 가 오래된 아주 작은 전통 프렌치 레스토랑인 A la petite chaise*를 가장 먼저 방문한다. A la petite chaise는 1680년에 만들어진 전통 깊은 곳이다. 여기에 가면 '아! 내가 프랑스 에 왔구나!'라는 기분을 느낄 수 있어서 항상 가장 먼저 찾는다. 단품으로도 즐길 수 있지만 애피타이저, 메인, 디저트까지 맛볼 수 있는 36유로(약 45,000원)짜리 코스를 추천하고 싶다 (점심, 저녁 코스 가격이 동일하다).

가장 좋아하는 메뉴는 어니언 수프다. 기본이 충실한 애피타이저를 선보이는 레스토랑은 어 느 메뉴를 선택해도 맛있다. 이곳의 어니언 수프는 프랑스 할머니가 끓여주신 듯, 소박하지 만 깊은 맛이 있고 정성이 담겨있어 따뜻하다. 이런 맛을 낼 수 있는 이유는 아주 정성 들여 끓인 콩소메 베이스 육수와 잘 볶은 양파 덕분이다. 콩소메는 고기국물에 양파, 당근, 셀러리 등 채소를 함께 넣어 푹 끓인 후 불순물을 제거해 맑게 만든 육수다. 양파의 깊은 맛과 아주 따끈하게 데워진 그릇에 녹아 흐르는 치즈는 절대 어디에서도 맛보지 못한 맛이다.

다음 추천 메뉴는 '프랑스'하면 떠오르는 메뉴인 달팽이 요리, '에스카르고'이다. 태어나서 처 음으로 달팽이 요리를 맛있게 먹은 곳이 바로 이 레스토랑이다. 워낙 생소한 재료다 보니 한 국에서 프렌치 레스토랑에 갔을 때는 시도조차 하지 않았었다. 여섯 개의 홈이 패인 예쁜 그 릇에 버터와 양파 향을 품고 있는, 연둣빛 파슬리가 올라간 달팽이 요리가 너무 매력적이라 내 생에 첫 달팽이 요리를 시도하게 되었다. 처음 맛본 달팽이 요리는 충격 그 자체였고, 결 국 마니아가 되고 말았다. 그런데, 다른 레스토랑에서는 같은 감동을 느낄 수 없었고 결국 달팽이 요리는 이 식당에서만 먹는 메뉴가 되었다. 프랑스를 대표하는 요리 중 하나가 토끼 요리인데, 자칫 잘못하면 비린내가 날 수 있다. 이 레스토랑은 토끼 요리도 아주 부드럽고 맛이 좋다.

* **A la petite chaise**
(www.alapetitechaise.fr)
Ⓐ 36 Rue de Grenelle,
　 75007 Paris, France
Ⓣ (+33) 1-42-22-13-35

* **Mirama**
Ⓐ 17 Rue Saint-Jacques,
　 75005 Paris, France
Ⓣ (+33) 1-43-54-71-77

프랑스에 가면 고급 프렌치 또는 다양한 양식이 먼저 떠오르겠지만 내가 가장 좋아하는 프랑스 맛집 중 하나는 중식당인 Mirama*다. 소르본 대학교 근처에 위치한 이 중식당은 365일 쉬는 날 없이 운영되며 프랑스인들에게 아주 인기 좋은 식당이다. 대표 메뉴는 패킹 덕과 완탕 누들 수프. 물론 다른 모든 메뉴도 맛있어 고민이 많아지는 식당이다. 일행인 마냥 다닥다닥 붙은 테이블과 약간 불친절한 것이 단점이지만 맛 하나만으로 이 모든 것이 용서될 수 있을 정도로 아끼는 식당이다.

새우 딤섬을
스리라차소스에 찍은 다음
꼬들꼬들한 홍콩면을 말아
따끈한 국물에 살짝 적셔
호로록 함께 먹으면
마치 소울 푸드를 먹는
느낌이 든다.

처음 이곳의 완탕 누들 수프를 먹었을 때를 지금도 잊을 수 없다. 탱글탱글한 새우 딤섬을 스리라차소스에 콕 찍은 다음 꼬들꼬들한 홍콩면을 돌돌 말이 따끈한 국물에 살짝 적셔 함께 먹으면 진정한 소울 푸드를 먹는 느낌이었다. 이 소박해 보이고 단출해 보이는 국수 한 그릇이 너무너무 맛있게 느껴졌다. 심지어 이전에는 단 한번도 맛있다고 느껴본 적 없었던 오리마저 어찌 그리 맛이 있던지…. 바삭하고 먹음직스럽게 구워져 쇼윈도에 나란히 걸려있는 오리들을 보고 있으면 마치 홍콩 길거리에 온 듯한 느낌이 들었다. 이곳의 오리는 우리나라에서 먹는 고급 패킹 덕과 달리. 무심하고 투박하게 턱턱 썰어낸, 시장에서 먹는 듯한 느낌이다. 하지만 어느 레스토랑과 견주어도 뒤지지 않는다. 단돈 15유로(약 18,000원)로 푸짐하고 맛있는 패킹 덕을 먹으면서 그동안 고급 호텔 레스토랑에서 비싸게 주고 오리고기를 먹었던 내 자신이 한심해 보일 정도였다. 안남미로 만든 볶음밥인 'Riz cantonnais'와 돼지갈비 요리인 'Porc laque, travers aux porc'을 곁들이면 푸짐한 한 끼가 된다.

중식당 Mirama에서
페킹 덕을 손질하는 셰프

빵이 맛있기로 유명한 프랑스. 웬만한 동네 빵집을 가도 맛있는 빵을 맛볼 수 있다. 기본 빵이 맛있으니 대부분의 샌드위치 또는 파니니 또한 훌륭하다. 그중에서도 내가 가장 좋아하는 샌드위치 가게는 Saint germain des pres의 좁은 골목에 위치한 COSI*라는 작은 곳이다. 화덕을 이용하여 매일 그때그때 빵을 굽는다. 젊은 친구들 여럿이서 운영하는 이 레스토랑은 고등학교 때 가장 자주 가던 곳이기도 하다. 관광객은 거의 드물고 지역주민이나 단골손님이 주를 이룬다. 샌드위치도 맛있지만 수프를 시키면 화덕에서 갓 구워낸 빵을 즉석에서 썰어 함께 내준다. 기본 빵이 무척 맛있어서 수프에 콕 찍어 먹으면 아주 든든하고도 만족스럽게 즐길 수 있다.

가장 좋아하는 메뉴는 'Stonker'라는 샌드위치인데, 신선한 토마토와 생 모차렐라 치즈 위에 루콜라를 수북하게 올린 다음 파르미지아노 레지아노를 듬뿍 갈아 올려준다. 또 다른 추천 메뉴는 'Cheesy English'. 도톰한 구운 쇠고기를 아끼지 않고 듬뿍 넣고 굵직하게 갈아낸 체다 치즈와 차이브를 넣은 샌드위치다. 지금도 그 맛이 생생히 기억날 만큼 인상적인 맛의 샌드위치다. '그깟 샌드위치가 거기서 거기겠지'라고 생각할 수 있지만 단돈 10유로(약 12,000원)의 Cosi 샌드위치는 어느 값비싼 요리 보다 만족스럽게 느껴질 만한 메뉴. 근처에 개성 있는 가게들과 책방들이 있고, 생기 넘치는 시장들이 가까이 있어 샌드위치를 테이크 아웃해 구경하면서 먹는 재미도 있다.

파리에서 신선한 생선회와 사케 한 잔을 즐기고 레스토랑 바로 앞에 펼쳐 있는 센 강 주변을 산책하다보면 파리에서 또 다른 여행을 하는 듯한 기분이 든다.

*COSI
(www.cosiparis.com)
Ⓐ 54 Rue de Seine,
    75006 Paris, France
Ⓣ (+33) 1-46-33-35-36

* **Sushi Gourmet**
(www.sushigourmet.fr)
🅐 1 Rue de l'Assomption,
75016 Paris, France
🅣 (+33) 1-45-27-09-02

* **Tribeca**
🅐 36 Rue Cler,
75007 Paris, France
🅣 (+33) 1-45-55-12-01

* **샤퀴테리(Charcuterie)**
햄과 소시지를 다루는 육가공
가게로 수제햄을 판매한다. 한국의
정육점과는 달리 고기가 아닌 햄,
살라미, 쵸리죠 등 테린, 파테,
특수 부위를 취급한다.

파리에는 딱히 맛있는 한식당이 없다. 자취하면서 한식을 종종 해 먹었지만, 양식이 물릴 때에는 일식당을 찾았다. 16구에 위치한 Sushi Gourmet*이다. 오빠와 함께 살던 동네가 바로 그 근처라 그냥 돌아다니다가 우연히 발견한 보물 같은 식당이다. 아주 작고 좁은 골목길에 위치해 있는데, 벽을 바라보는 바(Bar) 구조로 테이블이 10개가 채 되지 않지만 항상 만석이었고, 테이크 아웃 손님들로 붐볐다. 일본인 할머니가 운영하시는 이 레스토랑에서 아주 신선하고 질 좋은 스시를 맛볼 수 있다. 주로 먹는 메뉴는 지라시 스시. 지라시 스시는 덮밥과 같이 밥 위에 다양한 생선회를 정갈하게 담아낸 한 그릇 요리다. 그 한 그릇에 주인의 성격이 드러나곤 하는데, 이 식당의 지라시 스시는 주인 할머니의 성격처럼 깔끔하고 정성스럽다. 지라시 스시는 일반과 로열로 나뉘는데 로열은 좀 더 다양하고 풍성하다. 파리에서 신선한 생선회와 사케 한 잔을 즐기고나서 레스토랑 바로 앞에 있는 센 강 주변을 산책하다보면 파리에서 또 다른 여행을 하는 듯한 기분이 든다.

한가롭고 여유로운 파리의 일요일엔 항상 에펠탑 근처 'Ecole militaire'에 위치한 Tribeca* 라는 이탈리안 레스토랑이 생각난다. 일요일 오전의 이곳은 매우 분주하다. 길거리에 시장이 열리기 때문. 신선한 채소와 맛있는 샤퀴테리* 냄새만으로 유혹하는 갓 구운 빵집들이 길거리에 즐비하다. 주말, 느긋하게 늦잠을 자고 난 후 슬슬 걸어나가면 파리지앙들의 세련되면서도 활기찬 기운이 느껴진다. 에펠탑 앞의 공원을 느릿느릿 산책하다 보면 Tribeca에 다다른다. 까다롭고 뾰족한 느낌의 프렌치 요리와는 달리 Tribeca는 투박하면서도 툭툭 내던지는 듯한 이탈리안 요리를 좀 더 편하게 즐길 수 있는 식당이다. 이곳은 테라스에 앉아 브런치를 즐기기 좋은 주말에는 기다리는 줄이 길게 늘어서기도 하는데, 오히려 활기차게 느껴져 덩달아 기분이 좋아진다. 프랑스의 식당에 비해 뛰어난 맛을 자랑하는 곳은 아니지만 엄마가 파리에 오실 때마다 항상 즐겨 찾던 곳이라 더욱 아끼는 레스토랑이다. 또한 분주하게 일하는 젊고 예쁜 여직원들의 친절한 미소도 이 레스토랑을 찾는 이유 중 하나다.

여행 중에 함께 나누는 음식과 술은 여행의 기억과 추억을 더욱 진하게 만들어 준다. 새로운 나라에서 맛있는 음식을 먹는 것만으로도 행복하지만 좋은 장소에서 사랑하는 사람들과 나누는 시간이라 더욱 기억에 남는다. 함께 나눌 수 있는 사람이 있다는 것이 감사하다. 여행을 통해 만든 추억이 더욱 의미 있고 소중하게 느껴진다.

술을
더욱
감미롭게 하다

술과 함께 즐기는 미식요리

Chapter

2

어떤 이들은 취기를 위해 술을 마시지만
미식에 있어 술은 음식을 더욱 돋보이게 하는 아주 중요한 존재입니다.
음식을 함께 먹는 사람들과 행복한 시간을 나눌 수 있게
도와주는 연결고리이기도 하지요.
좋은 사람들과 맛있는 음식 그리고 한 잔의 술을 즐기며
유쾌한 시간을 갖는 것, 이 보다 더 소중한 시간이 있을까요?

Oven roasted
garlic and brie cheese

마늘을 박아 구운 통 치즈구이

통 브리 치즈에 슬라이스한 마늘을 박아 구우면 마늘 향이 스며
아주 매력적인 와인 안주가 됩니다. 빵이나 크래커에
올려 먹어도 맛있고 과일과 함께 먹어도 잘 어울려요.
치즈는 브리 치즈, 까망베르 치즈 외에 고급 소프트 치즈인
스위스 바슈랭 몽 도르(Vacherin Mont d'or) 또는
프랑스 몽 도르(Mont d'or) 치즈를 선택해도 좋습니다.
어울리는 술_ 레드와인, 차갑게 칠링한 화이트와인

재료 2인분 · 시간 40분
• 브리 치즈 또는 까망베르 치즈 1개
 (125g, 통이 나무로 된 것을 구입할 것)
• 마늘 1쪽
• 화이트와인 1/4컵(달지 않은 것, 50㎖)

1 작은 숟가락으로 치즈의 가운데 부분을 1/2 깊이로
 동그랗게 파낸다. 마늘은 얇게 편 썬다.

2 치즈 윗면 군데군데에 칼집을 낸 후 편 썬 마늘을 박는다.

3 쿠킹 포일로 치즈 크기의 그릇을 만들어 치즈를 넣는다.
 ★ 쿠킹 포일 대신 치즈가 담겼던 나무 통을 이용하면 더욱 편리하다.

4 치즈를 파낸 부분에 화이트와인을 붓고
 치즈 통의 뚜껑을 닫거나 쿠킹 포일로 덮는다.

5 ④를 팬에 올려 뚜껑을 덮은 후 치즈가 녹아 살짝 끓을 때까지
 중약 불에서 30분간 굽거나 190℃로 예열한 오븐에 넣어
 20분간 굽는다.

6 그대로 떠먹어도 좋고 과일이나 바게트, 크래커 등을
 찍어 먹어도 맛있다.

(Tip)
프랑스 가정식으로 즐기기
이 치즈구이에 햄(또는 프로슈토), 구운 감자,
바게트, 달지 않은 피클 등을 곁들이면 소박한
프랑스 가정식 같은 한 끼를 즐길 수 있어요.

치즈에 마늘과 와인 향 배게 하기
사진처럼 치즈 가운데 부분을 작은 숟가락으로
파내고 그 바깥으로 군데군데 칼집을 내요.
칼집 낸 곳에는 편 썬 마늘을 박고,
가운데 파낸 부분에는 와인을 부어요.
이렇게 하면 구울 때 치즈가 녹으면서 마늘과
와인의 풍미가 안쪽까지 고루 스민답니다.

Tomato
olive gratin

토마토 올리브그라탱

방울토마토와 올리브에 고소한 바질페스토와 새콤한 발사믹식초를
더해 치즈와 함께 오븐에 구우면 풍부한 맛과 향을 내는데,
한입만 먹어도 와인 한 잔이 절로 생각나지요. 보통 그라탱은 고기,
파스타, 치즈, 베샤멜소스(크림소스) 등을 사용해 맛이 무겁고
열량도 높은 편인데요. 이 그라탱은 맛이 산뜻해 레드와인은 물론
화이트와인과도 잘 어울립니다. 레시피에 들어가는 빵은 말랑한
식빵 보다 쫄깃한 식감이 있는 바게트가 훨씬 잘 어울려요.

어울리는 술_ 레드와인, 화이트와인

재료 2인분 · 시간 50분
- 바게트 1/2개(약 15cm)
- 까망베르 치즈 1통(또는 브리 치즈, 125g)
- 방울토마토 20개
- 블랙 올리브 10개
- 그린 올리브 10개
- 바질페스토 3큰술
- 발사믹식초 2큰술
- 슈레드 피자치즈 1/3컵

1 까망베르 치즈와 바게트는 사방 1~2cm 크기로 썬다.
  방울토마토는 꼭지를 뗀다.

2 오븐 용기에 바게트, 까망베르 치즈, 방울토마토, 두 가지 올리브를 넣고
  가볍게 섞은 후 바질페스토와 발사믹식초를 뿌린다.

3 슈레드 피자치즈를 올린 후 180℃로 예열한 오븐에 넣어
  30~40분간 굽는다. ★ 오븐 대신 깊은 팬에 넣고 뚜껑을 덮어
  약한 불에서 20분간 구워도 된다.

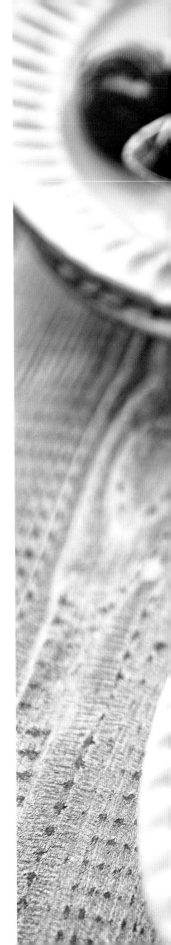

Quesadilla

퀘사디아

멕시코의 대표적인 요리 중 하나로 여러 가지 채소들과 고기를 볶아 치즈와 함께 또띠야 사이에 넣어 노릇하게 구워 먹는 메뉴입니다. 또띠야만 미리 구입해 냉동실에 넣어두면 냉장고 속 각종 재료들을 사용해 언제든지 만들 수 있지요. 또띠야를 노릇하게 구워 안에 넣을 치즈가 녹아 재료와 함께 어우러지는 것이 중요해요. 과카몰리(24쪽)와 이탈리아식 살사소스(66쪽), 사워크림까지 곁들이면 오리지널 멕시코의 맛을 집에서 여유롭게 즐길 수 있답니다.

어울리는 술_ 맥주

재료 2인분 · 시간 30분

- 또띠야(8인치) 2장
- 베이컨 4장
- 양송이버섯 4개
- 파프리카 1/4개
- 양파 1/4개
- 할라피뇨 슬라이스 8개(약 30g)
- 포도씨유 1큰술
- 다진 마늘 1작은술
- 토마토소스 1/4컵
  ★ 토마토소스 만들기 14쪽 참고
- 에멘탈 치즈(또는 다른 치즈) 30g
- 슈레드 피자치즈 1/4컵

1 베이컨, 양송이버섯, 파프리카, 양파, 할라피뇨, 에멘탈 치즈는 잘게 다진다.

2 달군 팬에 포도씨유를 두르고 베이컨을 넣어 중간 불에서 1분간 볶는다. 양송이버섯, 파프리카, 양파, 다진 마늘을 넣어 5분간 볶는다. 토마토소스를 넣고 섞는다.

3 또띠야 위에 ②를 올리고 다진 할라피뇨와 에멘탈 치즈, 슈레드 피자치즈를 올린 후 나머지 또띠야 1장으로 덮는다.

4 180℃로 예열한 오븐에 ③을 넣어 10분간 굽는다.
  ★ 오븐 대신 기름을 두르지 않은 팬에 넣어 또띠야가 노릇해지고 치즈가 녹을 때까지 약한 불에서 15~20분간 구워도 된다.

Tip

치즈 골고루 뿌리기

치즈는 녹으면서 재료들과 또띠야가 떨어지지 않고 잘 어우러지게 하는 역할을 하니 골고루 뿌리세요. 치즈는 집에 있는 다른 치즈를 활용해도 됩니다.

Tortllia
margherita

또띠야 마르게리타

마르게리타 피자를 처음 먹어본 곳은 베니스였습니다.
너무 맛있어서 앉은 자리에서 두 판을 먹어도 모자랄 것 같았어요.
그런데 생각해보니 참 간단한 메뉴더군요. 맛있게 만든 홈메이드
토마토소스만 있으면 언제든 쉽게 만들 수 있으니까요.
도우도 만들 필요 없이 냉동실에 또띠야만 있다면 오븐에 구워도
좋고 팬을 이용해도 됩니다. 바질소스(14쪽)를 듬뿍 올려 먹어도
잘 어울려요.
어울리는 술_ 맥주

재료 2인분 · 시간 20분
- 또띠야(8인치) 2장
- 슈레드 피자치즈 2/3컵
- 루콜라(또는 시금치) 1줌(20~30g)
- 토마토소스 4큰술
  ★ 토마토소스 만들기 14쪽 참고
- 올리브유 2큰술

1 오븐 팬에 종이 포일을 깔고 또띠야 1장을 올린 후
   토마토소스 2큰술을 얇게 펴 바른다.
   ★ 토마토소스는 넉넉하게 발라야 상큼하고 맛있다.

2 슈레드 피자치즈 1/2 분량을 올린 후 180℃로
   예열한 오븐에 넣어 10분간 굽는다.

3 오븐 팬을 꺼내 올리브유 1큰술을 두르고 루콜라를 듬뿍 올린다.
   같은 방법으로 한 개 더 만든다.

살라미와 저민 마늘

훈제하지 않고 저온에서 건조해 만드는 살라미는 진하고
풍미가 좋지만 살짝 느끼할 수 있습니다. 이때 알싸한 마늘 향이
어우러지면 최고의 안주가 됩니다. 마늘은 최대한
얇게 썰어야 해요. 살라미는 실온에 미리 꺼내두면 풍미가
더 좋아집니다. 질 좋은 살라미를 구입해 맥주와 함께 즐기세요.
와인도 잘 어울립니다.

어울리는 술_ 맥주, 레드와인

재료 2인분 · 시간 5분
• 얇게 썬 살라미 8장
• 마늘 2쪽
• 통후추 간 것 1작은술

1 마늘은 최대한 얇게 편 썬다.
2 그릇에 살라미를 한 장씩 펼친 후 마늘을 올리고
　 통후추 간 것을 뿌린다.

Tip
살라미 이해하기
이탈리아 소시지인 살라미(Salami)는
쇠고기와 돼지고기 등심에 돼지기름을 넣고
소금과 향신료를 많이 넣어 간을 세게 맞춘 후
럼주를 더해 건조시킨 것이에요.
이 소시지는 훈연하지 않고, 저온에서 장시간
건조시켜 만드는 것이 특징입니다. 얇게 썰어
피자나 카나페의 재료로 쓰기도 하고,
안주로도 다양하게 활용할 수 있어요.
대형마트나 백화점의 냉장 햄 코너에서
구입할 수 있습니다.

★ 브리 치즈
사과샌드
064p

* 올리브 크림치즈를
채운 자두 065p

Brie & apple
sandwich

브리 치즈 사과샌드

풍성한 맛과 향이 매력적인 브리 치즈는 과일과 함께 먹으면
맛의 밸런스가 잘 맞아요. 특히 상큼한 사과와 고소한 브리 치즈는
찰떡궁합. 식전에 시원한 샴페인과 함께 하기 딱 좋습니다.
여기에 로즈메리를 곁들이면 더욱 향긋하게 즐길 수 있어요.

어울리는 술_ 스푸만테, 스파클링와인

재료 2인분 · 시간 15분
- 브리 치즈 1/2개(또는 까망베르 치즈, 65g)
- 사과 1/2개
- 로즈메리 1줄기

1 브리 치즈는 한입 크기로 썬다.

2 사과는 씨 부분을 제거하고 껍질째 브리 치즈와 같은 크기로 썬다.

3 사과 → 브리치즈 → 사과 순으로 쌓아 올린다.

4 로즈메리를 1cm 길이로 뜯어 올리거나 꽂는다.

Tip
로즈메리로 스타일링 효과 높이기
생 로즈메리를 꽂으면 비주얼도 새롭고 특유의
향이 더해져 색다른 풍미를 즐길 수 있어요.
단, 향이 강한 허브이니 기호에 따라 양을
조절하세요. 없으면 생략해도 됩니다.

올리브 크림치즈를 채운 자두

여름철 시원한 샴페인에 곁들이기 좋은 완벽한 안주입니다.
짭조름한 올리브와 고소한 크림치즈, 새콤달콤한 자두가
어우러져 입안에 풍성하게 퍼집니다. 여기에 피스타치오와
아몬드 등 다진 견과류를 올리면 더욱 맛있어요.
자두 대신 사과를 먹기 좋은 크기로 썰어 활용해도 좋습니다.

어울리는 술_ 샴페인, 베일리스

재료 2인분 · 시간 10분
- 자두 4개
- 블랙 올리브 6개
- 실온에 둔 크림치즈 4큰술

1 블랙 올리브는 잘게 다진다.

2 볼에 블랙 올리브, 크림치즈를 넣고 섞는다.

3 자두는 2등분한 후 씨를 제거한다.

4 자두의 씨 부분에 ②를 채운다.

자두 씨 쉽게 빼기
아보카도와 비슷한 방법으로 가운데 씨를
제거하면 됩니다(아보카도 씨 빼기 26쪽 참고).
먼저 자두를 반으로 썰듯 칼날을 가운데
씨 부분까지 넣은 후 한 바퀴 돌려가며 칼집을
내세요. 자두의 양쪽을 비틀어 분리한 후
티스푼으로 씨를 파냅니다.

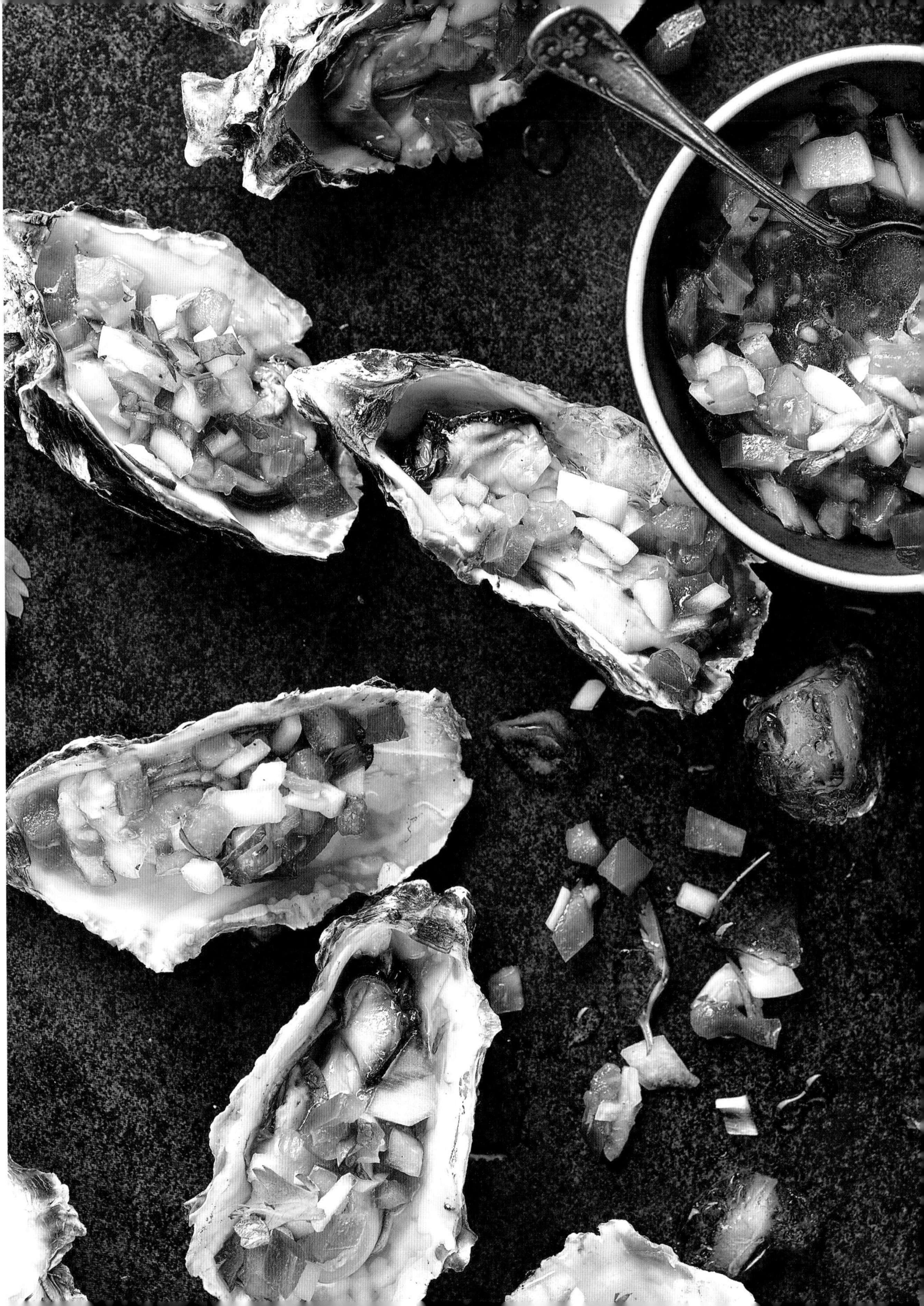

이탈리아식 살사소스를 곁들인 석화

바다의 향을 한껏 즐길 수 있는 생굴은 겨울 별미 중 하나죠.
선도 좋은 통통한 제철 석화를 가장 맛있게 즐길 수 있는 방법을
소개할게요. 보통 굴에 레몬즙 정도만 뿌려 먹는데요,
굴은 묘하게도 토마토와 아주 잘 어울린답니다. 토마토에 양파,
바질을 넣어 만든 이탈리아식 살사소스를 굴에 곁들이면 비릿한
향은 잡아주고 감칠맛은 올려주지요. 차갑게 칠링한 화이트와인
특히 샤르도네의 안주로 참 좋습니다.

어울리는 술_ 화이트와인

재료 2인분 · 시간 15분
- 석화 10개

이탈리아식 살사
- 토마토 1개(150g)
- 양파 1/4개(50g)
- 이탈리안 파슬리 2줄기(또는 바질 5장)
- 설탕 1/2큰술
- 레몬즙 1큰술
- 소금 1작은술
- 올리브유 약간

1 토마토는 씨를 제거하고 굵게 다진다.
양파와 이탈리안 파슬리도 다진다.

2 볼에 이탈리아식 살사 재료를 모두 넣고 섞는다.

3 석화는 조리용 솔이나 칫솔로 껍데기를 문질러가며 씻은 후
흐르는 물에 헹군다. 물기를 제거한 후 껍데기 사이에
칼을 넣어 껍데기를 분리한다.

4 석화에 이탈리아식 살사소스를 나눠 올린다.

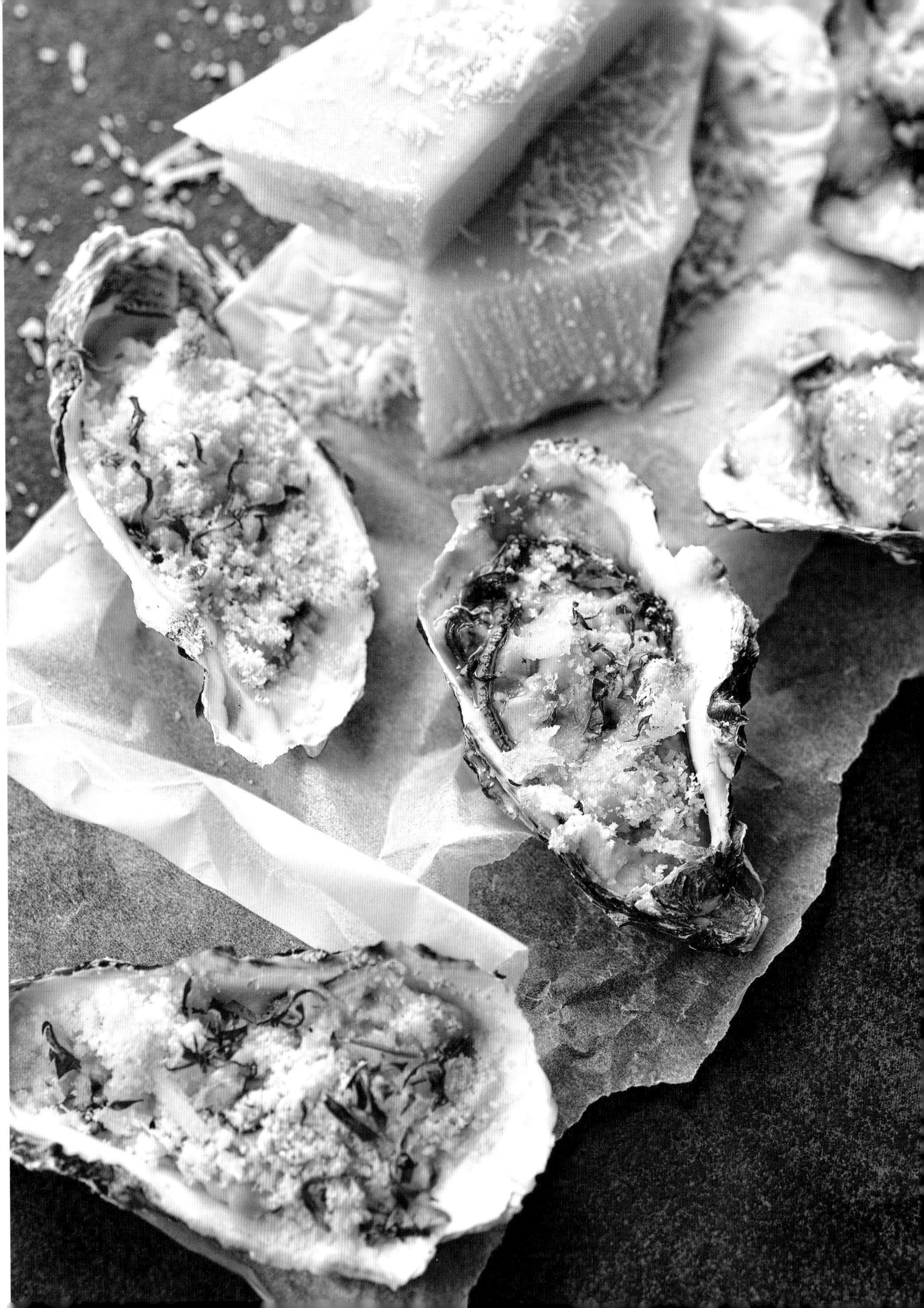

Roasted oyster

석화구이

굴은 생으로 즐기는 것이 가장 맛있지만 생굴을 싫어하거나
색다른 방식으로 즐기기를 원한다면 이탈리아 스타일로 구운
석화구이를 추천합니다. 석화는 살짝 익혀 촉촉하고 빵가루는
바삭하게 익혀야 맛있어요! 빵가루의 바삭한 식감, 파르미지아노
레지아노의 짭쪼름한 맛, 올리브유의 풍미, 그 다음으로
살짝 익은 굴의 풍부하고 진한 즙이 어우러져 그 맛이 정말
매력적이랍니다. 애피타이저나 와인 안주로 제격이지요.

어울리는 술_ 화이트와인

재료 2인분 · 시간 20분
· 석화 10개
· 식빵 1장(또는 빵가루 2/3컵)
· 이탈리안 파슬리 2줄기
· 파르미지아노 레지아노 간 것
  (또는 파마산 치즈 가루) 5큰술
· 올리브유 3큰술

1 식빵은 가장자리를 잘라내고 강판이나 굵은 체에 거칠게 갈아
  빵가루를 만든다. ★ 식빵은 하루 동안 실온에 두어 어느 정도
  말라있는 상태이거나 냉동실에 보관해 얼린 상태여야 잘 갈린다.

2 이탈리안 파슬리는 잘게 다진다. 석화는 조리용 솔이나 칫솔로
  껍데기를 문질러가며 씻은 다음 흐르는 물에 헹군다.
  물기를 제거한 다음 껍데기 사이에 칼을 넣어 껍데기를 분리한다.

3 석화 위에 빵가루, 파르미지아노 레지아노 간 것,
  이탈리안 파슬리, 올리브유 순으로 나눠 올린다.

4 오븐 팬에 종이 포일을 깔고 ③을 올린다.

5 180℃로 예열한 오븐에 넣어 빵가루가 노릇해질 때까지
  3~5분간 굽는다.

Tip
더 맛있는 홈메이드 빵가루 만들기
시판 빵가루를 사용하는 것 보다 집에 있는
식빵을 하루 동안 실온에 두어 건조시킨 후
강판이나 굵은 체에 거칠게 갈아 사용해보세요.
빵가루의 겉은 바삭하면서 속은 촉촉해서
더 맛있습니다.

Kuruma
shrimp
and uni

보리새우 성게알무침

보리새우와 송이버섯을 기다리는 것은 우리에게 또 다른 가을의
즐거움입니다. 보리새우는 다른 새우와 달리 식감이 탄력있고 맛이
진하죠. 수산물 도매시장에서 싱싱한 보리새우를 사다가
살만 발라 으깬 성게알에 버무려 먹으면 새우의 탱글하면서도
쫀득한 식감, 성게알의 진하고 고소한 풍미가 어우러져 정말
맛있습니다. 보리새우의 머리는 절대 버리지 마세요.
달군 팬에 구워 소금을 뿌려 먹으면 깊은 단맛이 일품이랍니다.

어울리는 술_ 정종, 하이볼

재료 2인분 · 시간 20분
- 보리새우 10마리
- 성게알 1판(150g)
- 크레송(또는 어린잎 채소) 30g
- 연와사비 2작은술
- 올리브유 2큰술
- 소금 약간

1 새우는 머리와 꼬리를 떼어내고 껍질을 벗긴다.
  이쑤시개를 이용해 등의 2~3마디 쪽을 찔러 잡아당겨
  내장을 제거한 후 2~3등분한다.

2 성게알은 포크로 굵직하게 으깬다.

3 볼에 연와사비, 올리브유, 소금을 넣어 섞은 후
  성게알과 새우살을 넣고 살살 버무린다.

4 그릇에 크레송을 담고 ③을 올린다.

새우와 향신 간장소스

냉동 새우는 바다에서 잡아 가장 신선할 때 바로 냉동하기
때문에 잘 요리하면 생 새우 못지 않게 맛있습니다. 이 메뉴는
껍질째 냉동한 새우를 전자레인지로 간단하게 조리하지만,
충분히 폼나고 맛있어요. 남녀노소 누구나 좋아할 만한 메뉴로,
특히 화이트와인이나 정종의 안주로 강력 추천합니다.

어울리는 술_ 정종. 화이트와인

재료 2인분 · 시간 25분
- 냉동 새우(껍질 있는 것) 10마리
- 생강 10g(엄지 손가락 크기)
- 대파 15cm 2대
- 청주 1/2컵(100㎖)

향신 간장소스
- 대파(흰 부분) 10cm
- 청양고추 2개
- 생강 2톨(마늘 크기, 10g)
- 양조간장 5큰술
- 포도씨유 2큰술
- 물 3큰술

1 냉동 새우는 흐르는 물에 헹궈 체에 밭쳐 물기를 뺀다.

2 생강 2톨은 얇게 편으로, 소스 재료의 생강은 가늘게 채 썬다.
　대파는 사진처럼 먹기 좋은 길이로 썰고, 소스 재료의
　대파(흰 부분)는 가늘게 썬다. 청양고추는 송송 썬다.

3 내열 용기에 소스 재료를 모두 넣어 섞은 후
　전자레인지(700W)에서 3분간 익혀 그릇에 덜어둔다.

4 뚜껑이 있는 내열 용기에 소스를 제외한 모든 재료를 넣고
　뚜껑을 닫아 전자레인지(700W)에서 5분간 익힌다.
　한번 뒤적인 후 다시 5분간 익힌다.

5 새우의 껍질을 벗긴 후 ③의 소스를 곁들여 먹는다.

Tip

소스, 전자레인지로 끓이기

이 소스는 향신채의 맛이 잘 우러나게 하기 위해
한번 데워야 하는데, 번거롭게 끓일 필요 없이
전자레인지로 후다닥 만들 수 있어요.
단, 수분이 많이 증발할 수 있으니 전자레인지
조리시간을 지키세요.

광어 카르파초

카르파초는 날고기나 날생선을 얇게 저며 소스를 뿌려 먹는
이탈리아 요리입니다. 광어, 도미, 복과 같은 흰 살 생선을 얇게
회로 떠서 그릇에 펼쳐 담고 그 위에 루콜라를 올린 후 소스를 뿌려
함께 먹으면 생선회와는 다른 매력을 느낄 수 있지요.
와사비 간장이나 초고추장 대신 무, 배, 양파 등으로 만든 소스를
곁들이면 특히 여름에 잘 어울리는 상큼한 와인 안주가 완성됩니다.

어울리는 술_ 화이트와인

재료 2인분 · 시간 15분
- 시판 광어회(또는 도미, 우럭 등 흰 살 생선회) 300g
- 루콜라 1줌(또는 어린잎 채소 1줌, 20~30g)
- 소금 약간

소스
- 무 50g
- 배 1/10개(50g)
- 양파 1/8개(25g)
- 마요네즈 4큰술
- 소금 약간

1 루콜라는 깨끗이 씻은 후 돌돌 말아 채 썬다.

2 소스 재료의 무, 배, 양파는 푸드프로세서에 넣어 곱게 갈아
　체에 내린 후 나머지 소스 재료를 넣어 섞는다.

3 그릇에 광어회를 펼쳐 담는다.
　소금을 뿌린 뒤 루콜라를 올리고 소스를 뿌린다.

이탈리아식 마늘 주꾸미볶음

일반적으로 주꾸미는 초장에 찍어 먹거나 고추장에 볶아 먹는 등
강한 양념을 곁들입니다. 이 메뉴는 마늘 향이 우러난 올리브유에
주꾸미를 살짝 볶아 순수한 재료 자체의 맛을 최대한 즐기게
해주지요. 파스타를 삶아 버무려 먹으면 한 끼 식사로도 좋습니다.

어울리는 술_ 화이트와인, 레드와인

재료 2인분 · 시간 20분

- 주꾸미 6마리(400g)
- 마늘 5쪽
- 크레송(또는 루콜라, 어린잎 채소) 2줌(50~60g)
- 청양고추 1개
- 올리브유 2큰술 + 1큰술
- 소금 약간
- 후춧가루 약간
- 레몬즙 약간

1 볼에 주꾸미, 밀가루를 넣고 바락바락 주물러가며
　이물질을 제거한 후 흐르는 물에 씻는다.

2 끓는 물에 주꾸미를 넣고 1분간 데친 후 체로 건져 가위로 몸통과
　머리를 분리한다. 머리만 한번 더 살짝 데친 후 반으로 잘라 머리에 있는
　내장 부분을 제거한다. 데친 주꾸미는 먹기 좋은 크기로 자른다.

3 마늘은 편 썰고 청양고추는 어슷 썬다.

4 달군 팬에 올리브유 2큰술을 두르고 마늘, 청양고추를 넣어
　마늘이 노릇해질 때까지 중간 불에서 볶는다.

5 센 불로 올려 주꾸미를 넣고 30초간 빠르게 볶는다.
　★ 기호에 따라 소금, 후춧가루를 넣어 간을 한다.
　★ 주꾸미는 너무 많이 익으면 질겨지므로 센 불에서 빠르게 볶는다.

6 볼에 크레송을 넣고 올리브유 1큰술, 소금, 후춧가루를 넣어 버무린다.

7 그릇에 주꾸미볶음과 ⑥을 담고 레몬즙을 뿌린다.

Spring greens(sebalnamul)
and sliced raw octopus
with basil sauce

세발나물을 곁들인
바질소스 산낙지 초회

낙지나 주꾸미를 바질소스에 버무리고 올리브유와 소금으로 무친
세발나물을 곁들이면 익숙하면서도 이국적인 메뉴가 됩니다.
낙지와 주꾸미는 아주 살짝만 익히는 것이 포인트. 바질은 여름철에
특히 저렴하니 소스를 넉넉하게 만들어두면 일 년 내내 먹을 수
있어요. 이 바질소스에 파르미지아노 레지아노와 잣을 넣어 갈면
바질페스토도 손쉽게 만들 수 있답니다.

어울리는 술_ 샴페인, 화이트와인

재료 2인분 · 시간 20분
- 산낙지 3마리(450g)
- 세발나물 1과 1/2줌(또는 영양부추, 30g)
- 바질소스 3큰술
  ★ 바질소스 만들기 14쪽 참고
- 올리브유 1큰술
- 소금 약간
- 후춧가루 약간

1 볼에 산낙지와 밀가루 1큰술을 넣고 바락바락 주물러가며
  이물질을 제거한 후 흐르는 물에 씻는다.

2 세발나물은 체에 밭쳐 흐르는 물에 헹군 후 먹기 좋은 크기로 뜯는다.

3 산낙지를 체에 밭친 후 끓는 물을 부어가며 아주 살짝 익힌다.
  머리는 가위를 이용해 반으로 갈라 머리에 있는 내장 부분을 제거한 후
  끓는 물에 5분간 데친다.
  ★ 산낙지에 끓는 물을 부어가며 아주 살짝만 익혀야 부드럽다.

4 가위로 머리와 다리를 먹기 좋은 크기로 잘라
  볼에 넣고 바질소스를 넣어 버무린 후 그릇에 담는다.

5 다른 볼에 세발나물, 올리브유, 소금, 후춧가루를 넣어 버무린 후
  ④에 곁들인다.

Tip
낙지와 주꾸미, 깔끔하게 손질하기
낙지와 주꾸미는 갯벌에서 살기 때문에 빨판에
뻘이 많아 손질에 더 신경써야 해요. 밀가루를
넣고 바락바락 주무르면 밀가루에 이물질이 붙어
뿌연 거품처럼 생기니. 맑은 물이 나올 때까지
흐르는 물에 헹구세요.

Mero roasted
miso sauce

미소양념 메로구이

일본 된장인 미소로 만든 달달한 양념을 메로에 발라
하룻밤 재웠다가 굽는 것이 포인트입니다. 단맛 나는 소스 때문에
불조절에 주의해야 하는데요, 센 불에서는 양념이 쉽게 탈 수 있고
약한 불에서 너무 오래 구우면 생선살이 퍽퍽해질 수 있어요.
한 가지 요령을 알려드리면 양념한 메로를 쿠킹 포일에 싸서 굽다가
안이 거의 익어가면 포일을 벗기고 겉만 노릇하게 굽는 겁니다.
두툼한 생선들을 양념구이 할 때도 활용하면 좋은 방법이랍니다.

어울리는 술_ 정종

재료 2인분 · 시간 20분(+ 재우기 8시간)
• 냉동 메로 2토막(또는 병어, 삼치 등 흰 살 생선, 200g)
• 강판에 간 무 4큰술

양념
• 설탕 3큰술
• 청주 2큰술
• 미소 3큰술

1 메로는 잠길 만큼의 물(5컵) + 소금(1큰술)에 30분간 담가
   해동한 후 물기를 제거하고 3~4cm 두께로 썬다.

2 볼에 양념 재료를 넣어 섞는다.

3 메로에 양념을 바르고 랩을 씌워 냉장실에서 8시간 이상 둔다.
   흐르는 물에 양념을 씻어내고 메로를 쿠킹 포일로 감싼다.

4 센 불로 달군 팬에 ③을 넣고 뚜껑을 덮은 다음 앞뒤로
   각각 5분씩 굽는다.

5 쿠킹 포일을 벗기고 중약 불로 줄인다.
   메로가 노릇한 색이 날 때까지 5분간 더 굽는다.
   * 쿠킹 포일로 감싼 메로를 180℃로 예열한 오븐에 넣어 20분간
   굽다가 쿠킹 포일을 벗기고 다시 3~4분간 구워도 좋다.

6 접시에 메로구이를 올리고 강판에 간 무를 곁들인다.

Tip
양념한 메로, 냉동하기
메로는 대형마트 수산 코너에서 구입할 수
있어요. 병어나 삼치 등도 미소양념과
잘 어울리니 활용하세요. 생선에 미소양념을
듬뿍 발라 8시간 이상 재웠다가, 양념을 씻어낸
후 지퍼백에 개별 포장해 냉동하면 3개월간
보관이 가능해요. 맛의 변화 없이 원할 때마다
바로 조리해 먹을 수 있어 편하답니다.

Hong Kong style
steamed rockfish garnished
with seasoned spring onions

파채를 듬뿍 올린
홍콩식 우럭찜

집에 자주 왔던 지인들에게 기억에 남는 메뉴를 꼽으라고 하면,
단연코 이 메뉴를 가장 많이 언급합니다. 저 역시 손님이 왔을 때
쉽고 폼 나게 만들 수 있어, 아끼는 레시피이기도 합니다.
포인트는 수북하게 쌓은 파채인데. 우럭이 보이지 않을 정도로
듬뿍 올려야 합니다. 여기에 연기가 날 때까지 끓인 뜨거운
포도씨유를 천천히 부어가며 파를 익힙니다. 생선 아래 자작하게
깔린 복분자 간장과 파 향을 품은 포도씨유가 섞이면서 소스가
자연스럽게 완성되지요. 남은 우럭찜은 생선. 소스, 파채 그대로
뚜껑이 있는 그릇에 담아 두세요. 다음날 전자레인지에 데운 후
자스민 티를 부운 밥과 먹으면 맛있습니다.

어울리는 술_ 화이트와인, 소주

재료 2인분 · 시간 30분
- 우럭 1마리(큰 것, 800g)
- 대파채(흰 부분) 200g
- 복분자 간장(또는 양조간장) 1/2컵
- 포도씨유 1컵(200㎖)
- 고수 약간(생략 가능)

1 우럭은 아가미와 비늘을 제거한다.

2 김이 오른 찜기에 우럭을 넣고 20분간 찐다.

3 큰 그릇에 복분자 간장을 넣고 찐 우럭을 올린 후
　 그 위에 대파채를 듬뿍 올린다.

4 작은 냄비에 포도씨유를 넣고 연기가 날 때까지 센 불로 끓인다.

5 ④의 뜨겁게 달군 포도씨유를 ③ 위에 뿌려가며 대파를 익힌다.
　 그 위에 고수를 올린다.

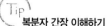

Tip 복분자 간장 이해하기
복분자 간장(몽고식품)은 우럭찜의 비법 소스.
일반 양조간장을 사용해도 되지만,
단맛과 감칠맛 등이 뛰어난 복분자 간장을
사용하면 풍미가 더욱 좋습니다.
대형마트나 백화점 식품매장, 인터넷 쇼핑몰
등에서 구매할 수 있어요.

꽃게 딱지찜

꽃게는 어떻게 요리해도 맛있고 폼나는 식재료입니다.
꽃게를 손질해 딱지 위에 알만 모아 놓으면 그 주홍빛이 참 곱고
예쁘지요. 이렇게 꽃게 딱지 위에 알과 내장을 넣고 김이 오른
찜통에 넣어 그대로 3분 정도만 찌세요. 살짝 겉만 익힌 딱지찜에
식초를 한 방울 떨어뜨려 화이트와인이나 청주와 함께 먹으면
입안 가득 향긋한 바다 내음을 느낄 수 있어요. 게딱지 위에
뜨거운 쌀밥과 간장, 김가루를 넣어 비벼 먹어도 별미입니다.
이 메뉴는 꽃게 알이 많은 봄철에 암게를 구입해서 만드세요.
어울리는 술_ 화이트와인

재료 2인분 · 시간 20분
- 꽃게 2마리(암게, 100g)
- 식초(또는 레몬즙, 라임즙) 1작은술

1 꽃게는 조리용 솔이나 칫솔로 문질러 닦는다.
꽃게의 딱지를 분리한 후 내장(딱지 옆 주황색 부분)을 가운데로
긁어 담고 살에 붙은 내장도 딱지 안에 함께 담는다.

2 김이 오른 찜기에 ①을 넣고 센 불에서 3분간 찐다.

3 그릇에 ②를 올린 후 식초를 뿌린다.

Tip

꽃게 손질하기

1 꽃게 딱지와 몸통 사이를 잡으세요.
엄지손가락을 이용해 힘을 주어 분리합니다.
2 몸통의 안쪽 양옆에 있는 아가미를 떼어내요.
딱지는 찜을 하고, 몸통은 2~4등분해
탕이나 찌개에 활용하세요.

전복 잣무침

시어머니가 오래 전부터 만드셨던 이 음식은 우리 집에
귀한 외국 손님이 왔을 때 마치 대표적인 한식 메뉴처럼 내놓는
식전 음식입니다. 전복 내장에 버무려 3개월쯤 삭힌 뒤에 먹는
기존 전복젓과 달리, 즉석에서 무쳐 2시간 정도 두었다가 맛이
어우러졌을 때 바로 먹지요. '즉석 젓갈'이라고 해도 될 것 같아요.
전복을 아주 얇게 썰어 오독오독한 식감을 즐기는 것이 포인트예요.
전복은 기본적으로 짭조름한 맛이 있기 때문에 간은 최소한으로
해야 전복의 맛을 잘 살릴 수 있어요. 취향에 따라 고춧가루를
체에 곱게 내려 아주 약간(1/5작은술 정도) 넣으면 고운 색을 낼 수
있어요. 가벼운 술안주나 입맛 없는 어르신들 건강 보양식으로도
추천하고 싶습니다.

어울리는 술_ 따뜻한 정종

재료 2인분 · 시간 20분(+ 숙성 2시간)
- 신선한 전복 3개(개당 100~150g, 약 450g)
- 풋고추 1개
- 잣 1큰술
- 액젓(또는 국간장) 1/2작은술

1 전복은 굵은소금(1큰술)을 뿌려가며 조리용 솔이나
  칫솔로 문질러 닦는다. ★ 전복 손질하기 88쪽 참고

2 전복의 살과 껍데기 사이에 숟가락을 넣어 조심스럽게 분리한 후
  내장을 떼어낸다. 끝부분의 입을 칼로 제거하고 얇게 편 썬다.
  ★ 전복 내장은 냉동했다가 전복 내장죽(146쪽)에 활용한다.

3 풋고추는 길게 2등분해 씨를 제거한 후 최대한 가늘게 채 썰고,
  잣은 잘게 다진다.

4 볼에 모든 재료를 넣고 버무린 후 2시간 후에 먹는다.
  ★ 냉장실에서 2일간 보관 가능하다.

Tip **전복 손질하기**
(위 사진) 굵은소금을 뿌려가며 조리용 솔로
전복의 살과 껍질을 문질러 깨끗하게 씻어요.
(아래 사진) 숟가락을 넣어 껍데기에서 살과
내장을 분리해요. 살에 있는 딱딱한 입 부분은
칼이나 가위로 제거해요. 내장은 물에 헹궈
냉동했다가 죽에 활용하세요.
★ 전복 내장죽 만들기 146쪽 참고

전복 술찜

전복 술찜은 어른들이 가장 좋아하는 안주
중 하나입니다. 요즘은 전복이 그리 많이
비싸지 않으니. 너무 크지 않고 한번에
먹을 수 있는 정도의 크기로 준비하세요.
전복 술찜은 특히 불조절이 관건이에요.
오랜 시간을 쪄도 식감이 질겨지지 않으니
약한 불로 오래 익히도록 하세요. 전복의
내장도 굉장한 별미인데 따로 쪄 전복
술찜에 곁들여도 좋아요. 이때 살과 내장을
따로 쪄야 완성요리의 색이 예쁘답니다.

어울리는 술_ 따뜻한 정종

재료 2인분 · 시간 1시간 10분
- 전복 5마리(250g)
- 청주 2/3컵

1 전복은 굵은소금(1큰술)을 뿌려가며
  조리용 솔이나 칫솔로 문질러 닦는다.

2 전복의 살과 껍데기 사이에 숟가락을 넣어
  조심스럽게 분리한 후 내장을 떼어낸다.
  끝부분의 입은 칼로 제거하고,
  전복 껍데기는 물로 깨끗이 씻는다.

3 작고 두꺼운 냄비에 손질한 전복 껍데기를
  펼쳐 넣는다. 껍데기에 전복살만 올리고
  그 위에 청주를 붓는다. 뚜껑을 덮어 아주
  약한 불로 1시간 동안 찐다. 이때 전복
  껍데기에 생긴 국물은 그릇에 따로 덜어둔다.
  ★ 내장을 함께 쪄 먹으려면 전복살을 올리지
  않은 껍데기에 내장만 따로 올려 10분간
  찐다. 내장을 사용하지 않으려면 얼렸다가
  전복 내장죽(146쪽)에 활용한다.

4 전복을 먹기 좋게 썰어
  껍데기에 담아 ③의 국물을 뿌린다.

Abalone steak with
mashed potato

전복 스테이크

특별한 날에 어울리는 품나는 일품요리예요. 맛도 좋고 만들기도
쉬워 요리 왕초보들에게 특히 강력하게 추천하고 싶은 메뉴입니다.
쫄깃한 전복 스테이크에 전복 내장 크림소스를 뿌려서
깊은 고소함을 더했습니다. 전복 스테이크와 매시드 포테이토는
맛은 물론 색깔도 잘 어울려 멋진 플레이팅을 완성하게 해줍니다.

어울리는 술_ 레드와인

재료 2인분 · 시간 20분
- 전복 2마리(작은 것, 100g)
- 버터 1큰술

전복 내장 크림소스
- 전복 내장 2개분
- 청주 1/4컵(50㎖)
- 생크림 1/4컵(50㎖)

1 전복은 굵은소금(1큰술)을 뿌려가며 조리용 솔로 문질러
  깨끗이 닦은 후 전복의 살과 껍데기 사이에 숟가락을 넣어 조심스럽게
  분리한 후 내장을 떼어낸다. 끝부분의 입은 칼로 제거한다.
  ★ 전복 손질하기 88쪽 참고

2 작은 냄비에 전복 내장과 청주를 넣고 중간 불에서 끓어오르면
  불을 끄고 핸드블랜더나 푸드프로세서로 곱게 간다.
  ★ 청주의 양은 내장의 크기에 따라 달라지는데
  비릿한 냄새를 잡을 수 있을 정도로 자작하게만 넣으면 된다.

3 ②의 냄비에 전복 내장 간 것, 생크림을 넣고 약한 불에서
  냄비의 가장자리가 바글바글 끓어오르면 불을 끈다.

4 달군 팬에 버터를 넣어 녹인 후 전복의 평평한 부분이
  팬 바닥에 닿도록 올려 노릇해질 때까지 5분간 구운 후 뒤집어
  30초~1분간 살짝 익힌다.

5 완성된 전복 스테이크를 접시에 담고 ③의 소스를 넉넉하게 곁들인다.
  ★ 매시드 포테이토를 곁들이면 맛과 영양이 훨씬 업그레이드 된다.

Tip
매시드 포테이토 만들기
감자(3개)는 껍질을 벗긴 후 큼직하게 썰어요.
냄비에 감자가 잠길 정도의 물, 소금 약간을 넣어
푹 삶아요. 체에 밭쳐 물기를 빼고 뜨거울 때
체에 밭쳐 으깨요. 다시 냄비에 으깬 감자를 넣고
생크림(1/2컵), 버터(3큰술), 소금과 후춧가루를
약간씩 넣고 약한 불에서 1분 정도 부드럽게
섞어 완성해요. 매시드 포테이토는 뜨거울 때
체에 내려 으깨야 더욱 곱고 부드러운 식감을
낸답니다.

Fried wing

닭날개튀김

일본에서 직접 배워온 요리들로 퓨전 일식당을 운영할 때
가장 인기가 많았던 메뉴입니다. 포인트는 감자전분을 사용해
튀기고 뜨거울 때 소금을 뿌리는 것이에요. 아주 간단하죠?
그래도 파티에서 늘 최고의 인기 메뉴였답니다. 그냥 먹어도
맛있지만, 취향에 따라 소스를 곁들이면 더욱 맛있습니다.

어울리는 술_ 맥주

재료 2인분 · 시간 20분

• 닭날개 20개(500g)
• 감자전분 5큰술
• 포도씨유 3컵(600㎖)
• 소금 약간

1 닭날개는 흐르는 물에 씻고 체에 밭쳐 물기를 뺀다.
  감자전분을 가볍게 입힌다.

2 냄비에 포도씨유를 넣고 센 불에서 180℃로(나무 젓가락을
  넣었을 때 기포가 올라오는 정도) 끓인다.

3 ②의 냄비에 닭날개를 넣고 센 불에서 5분간
  노릇하게 튀긴 후 건져낸다. 이때 냄비는 중간 불에서
  계속 끓이며 포도씨유의 온도를 다시 올린다.

4 닭날개를 ③의 냄비에 넣고 5분간 한번 더 튀겨낸다.

5 닭날개를 체로 건져 탈탈 털어 기름을 제거하고
  뜨거울 때 바로 소금을 골고루 뿌린다.

Tip

닭날개튀김에 어울리는 두 가지 소스

핫윙소스 녹인 버터 3큰술, 타바스코소스 1큰술,
레몬즙 1큰술, 소금과 후춧가루 약간을 넣고
골고루 섞어요.

깐풍소스 설탕 2큰술, 다진 청양고추 3개분, 다진
마늘 2큰술, 양조간장 3큰술, 식초 2큰술, 청주
2큰술, 굴소스 1큰술, 생강즙 1작은술, 후춧가루
약간을 넣고 골고루 섞어요.

닭다릿살 케첩 스테이크

학창 시절, 명동의 '오비스케빈'이라는 경양식집에 가면
통기타 연주를 보고 들으면서 생맥주나 '파라다이스'라는 와인과
함께 먹을 수 있는 양식이 몇 가지 있었어요. 비프까스, 돈까스,
달걀프라이를 올린 함박스테이크, 치킨찹 등인데요. 그들 중
케첩에 조린 닭고기인 치킨찹을 참 좋아했지요. 케첩과 청주를
넣어 만든 소스에 닭고기를 조리면 되는 아주 간단한 메뉴랍니다.
안주로도 좋고, 아이들 반찬으로 내도 잘 어울려요.

어울리는 술_ 레드와인

재료 2인분 · 시간 20분
• 닭다릿살 1팩(또는 허벅지살 5~6쪽, 500g)
• 통후추 간 것 약간
케첩소스
• 토마토케첩 1/2컵
• 청주 1/2컵(100㎖)

1 닭다릿살은 껍질을 제거한다.

2 볼에 케첩소스 재료를 넣어 섞는다.

3 센 불로 달군 팬에 닭다릿살을 넣어 한 쪽 면이
   노릇해질 때까지 5분간 굽는다.

4 반대쪽으로 뒤집어 소스를 붓고 중약 불로 줄여
   물기가 없어질 때까지 소스를 끼얹어가며 5분간 조린다.
   그릇에 담고 통후추 간 것을 뿌린다.
   ★ 어린잎 채소와 함께 그릇에 담으면 멋스럽다.

Meat balls wrapped
cabbage
tomato sauce

양배추 미트볼롤

식이섬유가 풍부한 양배추를 부드럽게 쪄낸 후 미트볼을 넣고
돌돌 말아 홈메이드 토마토소스와 함께 조린 메뉴입니다.
토마토소스의 양을 늘리고 파스타를 삶아 곁들이면 든든한
한 끼 식사로도 활용할 수 있습니다.

어울리는 술_ 레드와인, 맥주

재료 2인분 · 시간 40분
- 양배추 8장(손바닥 크기, 240g)
- 토마토소스 2컵
  - ★ 토마토소스 만들기 14쪽 참고
- 소금 약간

고기 반죽
- 다진 쇠고기 400g
- 다진 양파 1개분
- 다진 마늘 1큰술
- 빵가루 4/5컵
- 우유 4큰술
- 설탕 1큰술
- 소금 약간
- 후춧가루 약간
- 올리브유 2큰술 + 1큰술
- 박력분 1큰술

Tip
파스타를 곁들여 식사로 즐기기
마카로니, 푸실리, 펜네, 파르팔레 등
쇼트 파스타를 1컵 정도 삶아 함께 곁들이면
한 끼 식사가 됩니다.

1 양배추는 김이 오른 찜기에 넣어 부드러워질 때까지 약 5분간 찐다.
2 큰 볼에 고기 반죽의 빵가루, 우유, 설탕, 소금, 후춧가루를 넣고 섞는다.
3 중간 불로 달군 팬에 고기 반죽의 올리브유 2큰술, 다진 양파,
  다진 마늘을 넣어 갈색이 될 때까지 볶는다.
4 ②의 볼에 다진 쇠고기, ③를 넣어 섞는다. 충분히 치댄 후
  반죽을 8등분해 골프공 크기로 동그랗게 빚는다.
5 도마 위에 양배추 1장을 깔고 ④를 올려 돌돌 말아 감싼 후 이쑤시개
  또는 요리용 실로 고정한다. 나머지도 같은 방법으로 만든다.
6 냄비에 토마토소스, ⑤을 넣어 중약 불에서 20분간 조린 후
  이쑤시개 또는 요리용 실을 제거한다. 소금으로 간을 한다.
  ★ 취향에 따라 슈레드 피자치즈 또는 생 모차렐라 치즈를 올려도 좋다.

바비큐소스 폭립

누구든 좋아하고 식어도 맛있어 여러 명이 모이는 파티 음식으로
미리 준비해두면 좋아요. 이 메뉴는 돼지고기 누린내를 잡는
것이 중요하기 때문에 먼저 끓는 물에 데친 후 찬물에 씻는 것이
포인트랍니다. 예열한 오븐에 소스를 넉넉하게 바른 폭립을
넣고 중간중간 소스를 덧발라가며 천천히 구우면 간도 잘 배고
부드러워요. 오븐이 없다면 뚜껑 있는 팬을 활용하세요.
달군 팬에 등갈비를 넣고 앞뒤로 구운 다음 소스를 넉넉히 발라요.
소스를 덧바르며 굽다가 어느 정도 소스가 발라졌다면 뚜껑을 덮고
약한 불에서 속까지 익히세요.
어울리는 술_ 레드와인, 맥주

재료 2인분 · 시간 60분
• 돼지 등갈비 1kg
• 이탈리안 파슬리 3줄기

바비큐소스
• 로즈메리 2줄기
• 설탕 4큰술
• 생강즙 2큰술
• 꿀 2큰술
• 청주 1/2컵(100mℓ)
• 토마토케첩 2/3컵(140mℓ)
• 우스터소스 1/2컵
• 후춧가루 약간

1 돼지 등갈비는 끓는 물에 넣어 5분간 데쳐 건진 후
  찬물에 씻어 핏물을 제거한다.
  ＊ 데친 등갈비는 찬물에 씻어야 핏물과 누린내를 제거할 수 있다.
2 볼에 바비큐소스 재료를 넣어 섞는다.
3 삶은 등갈비에 바비큐소스를 넉넉히 바른다.
4 오븐 팬에 종이 포일을 깔고 ③을 올린 후 200℃로 예열한 오븐에
  넣어 30분간 굽는다. 이때 10분 간격으로 앞뒤로 소스를 덧바른다.
5 그릇에 담고 이탈리안 파슬리를 뜯거나 다져 올린다.

Tip
바비큐소스 덧바르기
바비큐소스는 넉넉하게 준비해 굽는 중간중간
덧발라야 소스가 살 속까지 배서 맛있어요.

깐풍기

남녀노소 모두에게 인기 좋은 깐풍기는 중식당 일품요리들 중
그다지 어렵지 않아 집에서 보다 건강하고 푸짐하게 만들 수
있어요. 바삭한 튀김의 포인트는 두 번 튀겨내는 것. 번거롭더라도
꼭 두 번 튀겨야 소스에 버무린 후에도 바삭한 식감을 즐길 수
있습니다. 이 레시피에서 제안하는 소스는 살짝 매콤하면서도
새콤 달콤 짭쪼름한 맛의 조화가 잘 맞아 튀긴 만두나 닭강정 등에
다양하게 활용할 수 있어요.

어울리는 술_ 맥주

재료 2인분 · 시간 30분
- 닭다릿살 1팩(또는 허벅지살 5~6쪽, 500g)
- 청주 2큰술
- 감자전분 5큰술
- 튀김가루 5큰술
- 포도씨유 4컵(800㎖)

소스
- 홍고추와 청양고추 다진 것 2개분
- 설탕 1큰술
- 다진 마늘 1큰술
- 생강즙 1큰술
- 양조간장 1큰술
- 청주 1큰술
- 감자전분 1작은술
- 식초 2작은술
- 물 1/4컵(50㎖)

1 닭다릿살은 한입 크기로 썰어 볼에 넣고 청주를 뿌려 10분 이상 둔다.

2 볼에 감자전분과 튀김가루를 넣어 섞는다.

3 닭다릿살에 ②를 얇게 묻힌다.

4 냄비에 포도씨유를 넣고 센 불에서 180℃로(나무 젓가락을
넣었을 때 기포가 올라오는 정도) 끓인다.
튀김옷을 입힌 닭다릿살을 넣고 노릇하게 튀긴 후 건져낸다.
다시 포도씨유를 180℃로 달궈 한번 더 튀긴다.

5 팬에 소스 재료를 모두 넣어 섞은 후 센 불에서 바글바글 끓인다.

6 튀긴 닭다릿살을 넣고 살짝 버무린 후 불을 끈다.

Essay 2
by 딸 김정현

맛있는 음식과 그에 어울리는
술

행복한 시간을 만들어 주는
마법 같은 존재

보통 우리나라에서는 성인이 되거나 대학교 또는 사회에 나오면서 술 문화를 접하게 된다. 나는 술을 그다지 즐기진 않았지만 할머니와 아빠가 항상 반주를 즐기시거나 식사 후 위스키나 코냑을 드시는 모습을 어릴 때부터 봐왔기에 술을 마시는 것에 대한 거부감이 들지 않았다.

지금은 와인이 매우 보편화되어 있고 흔히 즐기는 술이지만 예전에는 일상적으로 마시는 술은 아니었다. 우리나라에 와인 문화가 들어오기 시작하자 아빠도 슬그머니 와인에 관심을 갖기 시작하셨고 와인 클래스를 들으셨다. 신사동의 '뱅가'라는 와인 바와 지금은 없어졌지만 압구정에 있었던 일본요리 학교인 '츠지원'에서 만든 흥미로운 와인 클래스였다. 점점 와인의 재미와 매력을 느끼기 시작하시며 나에게 가르쳐주신 '첫 술'이 바로 와인이었다.

처음 음식과 술을
매칭했을 때의 새로운 맛과
느낌을 잊을 수 없다.
그 이후로 아빠와 함께
다양한 식당에서
음식과 술을 곁들이며
그 맛을 조금씩 이해할 수
있었다.

아빠가 데려간 와인바 뱅가*는 아주 맛있는 음식과 다양한 종류의 와인, 그리고 눈과 귀가 즐거운 재즈 공연을 함께 즐길 수 있는 보석 같은 장소였다. 그곳에서 처음 마신 와인은 호주의 'Two hands'라는 와인과 팬 프라이한 닭고기, 트러플 리소토였다. 아빠는 음식을 즐기면서 와인을 곁들였을 때 어우러지는 풍미를 느껴보라고 하셨다. 분명 새로운 맛과 느낌이었지만 처음부터 그 느낌을 바로 이해할 수는 없었다. 하지만 그때를 시작으로 아빠와 함께 다양한 식당에서 맛있는 음식에 술을 곁들이며 그 맛을 조금씩 이해하게 되었다. 워낙 미식가이며 술을 좋아하시던 아빠는 새로운 나라의 생소한 음식을 먹으러 가서도 그 메뉴에 맞는 적당한 술을 찾아 드시곤 하셨다. 성인이 되어 아빠와 이런 시간을 나누었던 것은 아주 재미있고도 소중한 추억이다.

유학 중, 춥고 긴 겨울 방학이 되어 한국에 들어오게 되면 아빠와 자주 데이트를 하곤 했다. 자극적인 음식보다 맑고 심심한 것을 좋아하는 내 입맛을 잘 알던 아빠는 "나를 한 번 믿고 가보자"라며 확신에 찬 얼굴로 아담한 일식집에 데려가셨다. 현복집*이라는 복(복어)을 다루는 집이었다. 생소한 메뉴라 선뜻 내키지는 않았지만 아빠를 믿어 보기로 했다.

* **뱅가(Vin ga)**
  Ⓐ 서울 강남구 신사동 634-1
  포도플라자 지하 1층
  Ⓣ (02) 516-1761

* **현복집**
  Ⓐ 서울 강남구 논현동 96-15
  동암빌딩 1층
  Ⓣ (02) 511-6888

* **루이쌍크(Louis cinq)**
  Ⓐ 서울 강남구 신사동 657 2층
  Ⓣ (02) 547-1259

처음으로 나온 것은 복 껍질. 얇고 길게 썰어 폰즈소스에 버무린 참복의 껍질은 새콤하면서도 쫀득한 식감이 일품이었다. 그 후 바로 나온 메뉴는 흔히 먹을 수 없었던 생선의 곤이구이였다. 부드럽고 고소하지만 다소 느끼할 수 있다며 아빠는 히레사케를 권해주셨다. 추운 겨울에 어울리는 따뜻한 사케인데 복 지느러미를 띄워 복의 향을 더해 복요리에 한층 깊은 맛을 느낄 수 있었다. 이어 나온 것은 이곳의 주인공인 복국 샤부샤부였다. 아주 맑은 국물에 담백하고 오동통한 복의 살코기와 각종 채소가 듬뿍 들어간 지리요리다. 자극적이지 않고 본연의 순한 맛이 온몸을 따뜻하게 해주었다. 이 복국이 더욱 따뜻하고 맛있게 느껴지는 이유는 함께 곁들이는 따뜻한 사케 덕분이다. 단아한 사기 주전자에 뜨끈하게 데운 사케 한 잔이 들어가면서 몸을 더욱 따뜻하게 녹여주었다. 지리의 바닥이 보일 때쯤 죽을 만들어 주는데 아주 별미이다. 오랫동안 우러난 복 국물에 건더기를 건져내고 불린 쌀을 넣어 끓이다가 달걀을 풀고 실파와 김가루를 넣어 한 그릇 담아내면 한 끼 식사를 완벽하게 마무리할 수 있다. 추운 겨울이 찾아오면 항상 생각난다. 특히 따뜻한 복 향이 맴도는 히레사케가…

단아한 사기 주전자에 뜨끈하게 데운 사케 한 잔은 몸을 더욱 따뜻하게 녹여주기 충분했다.

내가 처음으로 아빠를 모시고 간 식당은 루이쌍크*라는 작은 프렌치 레스토랑이다. 워낙 미식가이며 입맛이 까다로운 아빠를 초대하기에 긴장이 따를 수밖에 없었다. 언제나 너그럽고 긍정적인 아빠였지만 음식에서만은 냉정하고 단호했기 때문이다. 주방 앞 두 자리를 예약하고 이것저것 메뉴까지 미리 생각해두었다. 결과는 대성공! 까다로운 입맛에 웬만한 양식당은 만족하지 못했던 아빠도 '엄지 척'을 해주실 만큼 만족스러워하셨다. 가장 아빠를 반하게 한 메뉴는 더운 채소와 퓌레 디쉬. 10가지 넘는 채소를 각각 다른 조리법으로 요리해 콜리플라워퓌레와 레몬퓌레 위에 얹어 나왔다. 각 채소마다의 특성에 맞게 다른 조리법을 사용한 것이 감탄스러울 정도였다. 만족스런 음식에는 그에 어울리는 술이 필요한 법. 매니저에게 추천받아 마신 와인, 'Clos de bougeot'였는데 따뜻하고 식감이 살아있는 채소를 산뜻하게 감싸주었다. 또 하나 반한 메뉴는 푸아그라와 달팽이 요리. 두 식재료의 새롭고 환상적인 궁합, 여기에 트러플 향까지 입었으니… 이 두 메뉴만으로 감탄하셨고 아빠와 나는 많은 요리 없이도 좋은 와인과 맛있는 안주로 달달한 시간을 보낼 수 있었다.

복 지느러미를 띄워 한층 깊은 맛과 향을 느낄 수 있는 히레사케

양식보다 한식을 선호하는 아빠는 한식을 즐기지 않는 나에게 맞추시느라 항상 내가 좋아하는 일식 또는 프렌치, 이탈리안 레스토랑에 가곤 했다. 하지만 종종 아빠를 위해 **평양면옥*** 을 방문했다. 심심한 육수의 평양식 물냉면(아직 나는 그 심심하고 담백한 평양물냉면의 맛을 모르지만)과 제육 한 접시를 아주 좋아하셨기 때문이다. 제육에 새우젓과 생 마늘을 올려 소주 한 잔을 곁들이면 세상을 다 가진 듯한 얼굴로 행복해하셨다. 또 이북식 만둣국과 전, 콩비지찌개를 먹으러 **만두집*** 에 가기도 했다. 만두집은 엄마 아빠가 결혼 전부터 데이트하면서 다니셨던, 우리 가족에게는 아주 보물 같은 곳이다. 압구정 로데오의 뒷골목 구석에 위치한 허름한 곳인데, 두툼하고 투박하게 빚은 큼직한 만두가 맑고 깊은 고깃국에 무심한 듯 시크하게 담겨 나온다. 가게 이름도 아주 단출한 '만두집'이다. 아주 멋쟁이신 사장님이 단골들에게만 내어주는 어리굴젓은 흰 쌀밥 한 공기를 뚝딱 하게 만드는 엄마의 완소 메뉴이고 새하얗고 고소함의 끝판왕인 콩비지는 내가 가장 좋아하는 메뉴이다. 그 옆에서 아빠는 푸짐한 만두와 노릇한 전을 곁들여 푸근한 사장님과 소주 한 잔을 기울이신다. 우리 가족 모두를 만족시킬 수 있을 만큼 행복한 순간이다.

엄마가 가장 좋아하는
흰 쌀밥에 어리굴젓,
아빠는 만두와 노릇한 전,
나는 고소한 콩비지.
여기 소주 한 잔을
곁들이면 우리 가족 모두가
만족스러울 만큼
행복한 순간!

아빠는 가끔 바람둥이들이 여자를 꼬실 때 먹이는 술이라며 과일 샴페인을 만들어 주시곤 했었다. 당도 높은 복숭아나 딸기 등 베리류를 으깨 잘 빠진 샴페인 잔에 담고 차가운 스푸만테*를 가득 부어낸. 색깔까지 예쁜 칵테일 한 잔! 시럽이 아닌 생과일을 듬뿍 갈아 넣어 마실 때마다 입안에서 터지는 과육과 탄산이 재미있는 맛이다. 너무 맛있어서 쭉쭉 마시다 취해 바람둥이에게 넘어가나 보다. 이 메뉴는 210쪽에서 만나볼 수 있다.

***평양면옥**
Ⓐ 서울특별시 강남구 논현동 66-2
Ⓣ (02) 549-5378

***만두집**
Ⓐ 서울 강남구 신사동 661-1
Ⓣ (02) 544-3710

어느 날, 친구를 저녁 식사에 초대했었다. 영국에서 사 온 거라며 귀한 'Hennessy' 코냑 한 병과 복숭아 향이 나는 차를 선물로 가져왔다. 술을 좋아하는 아빠는 눈을 반짝이셨고 어떻게 마실지 궁리하기 시작하셨다. 창의적인 우리 아빠는 식사를 끝내고 Hennessy를 따시더니 복숭아 향 가득한 차에 코냑을 붓기 시작했다. 이게 무슨 일인가 하고 지켜보다 맛을 보았다. 아빠는 천재인가 보다. 복숭아 향이 가득한 따뜻한 차에 고급스러운 풍미의 코냑이 더해지니 환상적이었다. 게다가 식후에 마신 탓인지 식사를 완벽하게 마무리해주는 느낌이었다. 따뜻한 복숭아 차와 코냑 덕분에 그날 저녁은 더욱 향긋하고 알딸딸한 시간이 되었다.

나는 아빠와 술을 한 잔 하면서 맛있는 것을 먹고 수다 떠는 것을 좋아했다. 아빠와 소소한 근황을 이야기 하고 서로의 생각을 진솔하게 나누는 이 시간이 어느 친구와 보내는 시간보다 즐겁고 행복했다. 사춘기 아닌 사춘기 일 때, 나는 부모님과 소통이 되지 않는다고 생각했던 적이 있었다. 조금 더 성장하고 어른이 된 지금, 함께 술을 나누는 시간이 거듭되면서 우리는 서로를 이해할 수 있게 됐다. 맛있는 음식과 그에 어울리는 술은 행복한 시간을 만들어 주는 마법 같은 존재인 것 같다.

★ 스푸만테(Spumante)
이탈리아어로 스파클링 와인(Sparkling Wine). 독일과 오스트리아의 Sekt(젝트), 프랑스의 Champagne(샴페인), Cremant(크레망), 스페인의 Cava(까바)도 모두 스파클링 와인이다.

한 그릇에
담긴
감동의 미식을
맛 보다

원디쉬 미식요리

Chapter

3

밥, 면, 죽, 수프 등 반찬 없이도 충분히 한 끼 식사가 되는
한 그릇 메뉴들을 모았습니다.
손님이 오셨을 때 일품요리와 함께 내면
부족함 없이 대접할 수 있지요.
소박한 재료들이지만 여기 소개한 맛의 포인트를 정확히 짚어 요리하면
화려한 미식요리 못지 않은 감동적인 맛을 즐기게 될 겁니다.

Bolognese pasta

미트소스 파스타

집에서도 레스토랑 부럽지 않은 토마토 미트소스를
만들 수 있습니다. 쇠고기 간 것과 잘게 다진 채소를
홈메이드 토마토소스와 함께 뭉근하게 끓이기만 하면 되는데,
이때 셀러리를 넣으면 향이 아주 좋고 시판 소스와 비교할 수
없을 정도로 맛있어져요. 갓 삶은 면에 이 소스만 뿌려도
아주 맛있는 파스타가 완성된답니다.

재료 2인분 · 시간 30분
- 스파게티 1과 1/2줌(또는 다른 파스타, 120g)
- 다진 쇠고기 300g
- 당근 1/3개
- 셀러리 15cm
- 양파 3/4개
- 소금 약간 + 약간
- 후춧가루 약간 + 약간
- 올리브유 1큰술
- 다진 마늘 1큰술
- 토마토소스 2컵(400㎖)
  ★ 토마토소스 만들기 14쪽 참고
- 파르미지아노 레지아노 간 것
  (또는 파마산 치즈 가루) 2큰술

1 당근, 셀러리, 양파는 사방 0.5cm 크기로 다진다.

2 쇠고기는 소금 약간, 후춧가루 약간을 뿌려 밑간한다.

3 중간 불로 달군 팬에 올리브유, 다진 마늘, 양파를 넣어
  양파가 진한 갈색이 될 때까지 15분간 볶은 후 당근, 셀러리,
  쇠고기를 넣고 10분간 볶는다.

4 토마토소스, 소금 약간, 후춧가루 약간을 넣어
  약한 불에서 소스가 걸쭉해질 때까지 20분간 끓인다.

5 냄비에 물(10컵) + 소금(2큰술)을 넣고 센 불에서 끓어오르면
  스파게티를 넣고 포장지에 적힌 시간 만큼 삶아 체에 밭친다.

6 삶은 스파게티를 그릇에 담고 ④의 소스를 얹는다.
  파르미지아노 레지아노 간 것을 뿌린다.
  ★ 취향에 따라 이탈리안 파슬리 잎을 뜯어 올려도 잘 어울린다.

Tip

보다 풍성한 맛 내기

파르미지아노 레지아노(Parmigiano Reggiano)
는 치즈의 왕으로 불리는 경성치즈로 요즘은
마트에서도 소포장된 것을 쉽게 구입할 수
있어요. 그라인더나 강판 등으로 갈아 파스타
위에 뿌리세요. 멋스럽고 풍미도 한층
좋아집니다. 그라노 파다노, 파마산 치즈 가루로
대체해도 좋아요.

Capellini

vongole pasta

카펠리니 봉골레

바지락의 향을 충분히 즐길 수 있도록 오리지널 봉골레 파스타에
비해 국물을 넉넉히 내고 가느다란 카펠리니를 사용했습니다.
청양고추나 페페론치노를 넣고 매콤하게 만들어 해장용으로 먹어도
좋아요. 카펠리니를 포크나 젓가락에 돌돌 말아 국수처럼 국물에
적셔 호로록 먹으면 색다른 맛과 식감을 느낄 수 있습니다.

재료 2인분 · 시간 30분
- 카펠리니 1과 1/2줌(또는 다른 파스타, 120g)
- 해감 바지락 3/4봉(150g)
- 바지락 살 200g
- 마늘 5쪽
- 페페론치노 5개
  (또는 크러시드페퍼 1작은술, 다진 청양고추 1개분)
- 올리브유 3큰술
- 화이트와인 1/2컵(100㎖)
- 소금 약간
- 후춧가루 약간
- 다진 이탈리안 파슬리 3큰술

1 볼에 해감 바지락과 잠길 만큼의 물을 담고 비벼가며 씻는다.

2 마늘은 편 썬다. 페페론치노는 손으로 잘게 부순다.

3 약한 불로 달군 팬에 올리브유, 마늘, 페페론치노를 넣어
  마늘 향이 날 때까지 중약 불에서 5분간 볶는다.

4 바지락과 바지락살, 화이트와인을 넣고 뚜껑을 덮어 5분간 끓인다.

5 큰 냄비에 물(5컵) + 소금(2큰술)을 넣고 센 불에서 끓어오르면
  카펠리니를 넣어 포장지에 적힌 시간 만큼 삶아 체에 밭친다.

6 ④의 팬에 카펠리니를 넣고 소금, 후춧가루로 간을 한다.
  그릇에 담고 다진 이탈리안 파슬리를 뿌린다.

Tip
카펠리니 이해하기
카펠리니는 파스타 중에서 가장 얇은 면으로
엔젤헤어(Anget Hair)라고도 불려요.
면이 쉽게 불기 때문에 데치는 시간을 꼭 지키고,
면을 데치자마자 파스타를 완성할 수 있도록
나머지 조리는 미리 해두세요.

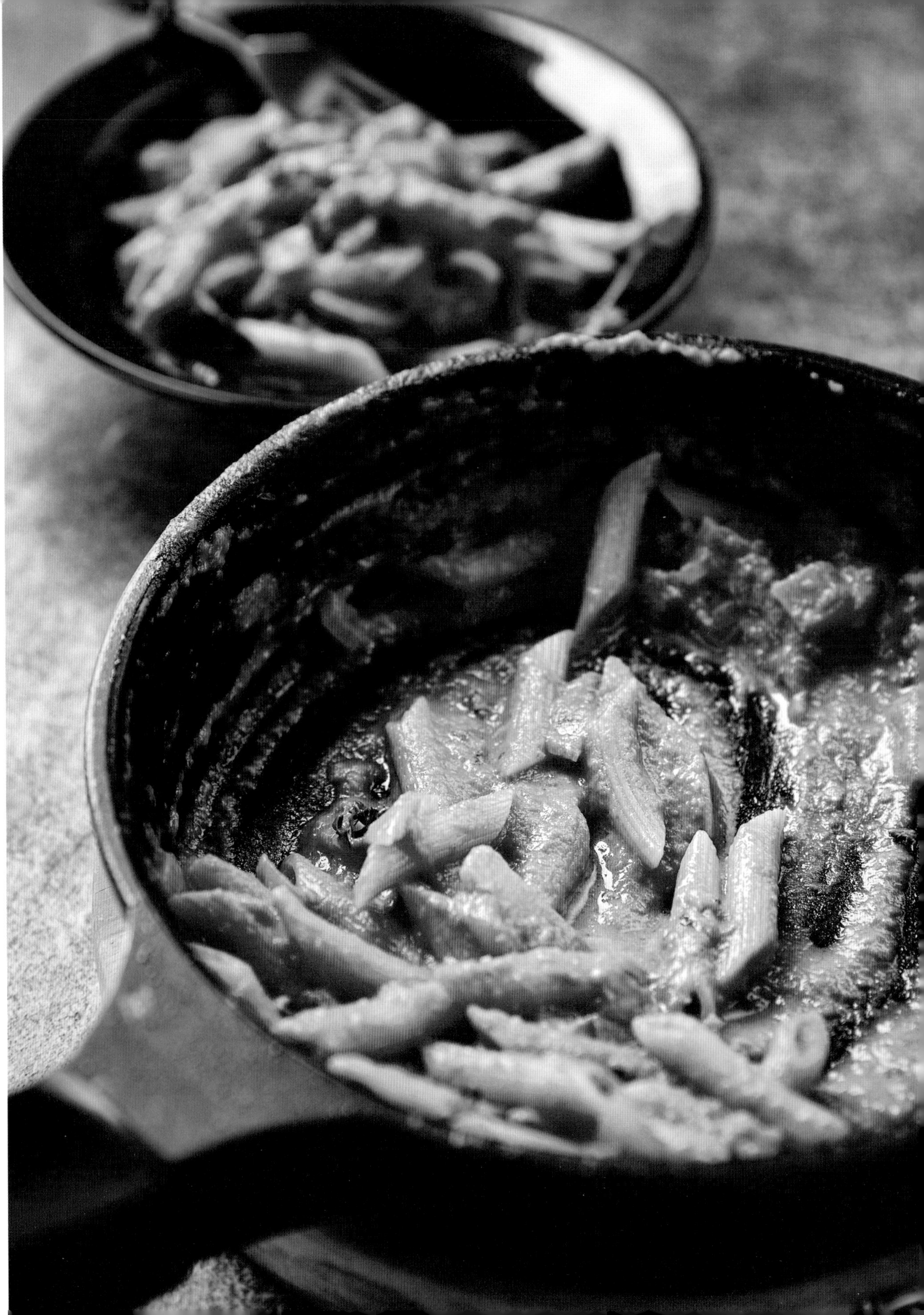

펜네 로제 파스타

새콤한 토마토소스에 고소한 생크림을 넣어 만든
로제소스는 사랑스러운 핑크빛이 돌아 더욱 매력적입니다.
펜네를 이용해 만들어 일회용 컵에 서브하면 파티 때
가볍게 먹을 수 있어요.

재료 2인분 · 시간 30분
- 펜네 120g(약 2컵)
- 올리브유 2큰술
- 다진 양파 1/4개분
- 다진 마늘 1/2큰술
- 토마토소스 1과 1/2컵(300㎖)
  ★ 토마토소스 만들기 14쪽 참고
- 생크림 1/2컵(100㎖)
- 다진 이탈리안 파슬리 3큰술

1 중간 불로 달군 팬에 올리브유, 다진 양파, 다진 마늘을 넣고
양파가 갈색이 될 때까지 15분간 볶은 후 토마토소스와
생크림을 넣고 한소끔 끓인다.

2 큰 냄비에 물(10컵) + 소금(2큰술)을 넣고 센 불에서 끓어오르면
펜네를 넣고 포장지에 적힌 시간 만큼 삶는다.

3 ①의 팬에 삶은 펜네를 넣고 버무린 후 그릇에 담고
다진 이탈리안 파슬리를 뿌린다.

베이컨 시금치 카넬로니

카넬로니는 원통 모양의 파스타에 각종 채소와
고기 등 원하는 재료를 채워 넣고 토마토소스
또는 크림소스를 취향대로 뿌려 치즈와 함께 구워
만들어요. 굽는 파스타 특유의 쫄깃한 식감,
속재료와 함께 먹는 맛이 별미랍니다.

재료 2인분 · 시간 90분

- 카넬로니 8개
- 양파 1/2개
- 청양고추 2개
- 시금치 1/2줌(25∼35g)
- 베이컨 5장
- 페페론치노 5개
- 올리브유 1큰술
- 다진 마늘 1큰술
- 화이트와인 1컵(200㎖)
- 까망베르 치즈(또는 브리 치즈) 3/4개(150g)
- 파르미지아노 레지아노 간 것
  (또는 파마산 치즈 가루) 3큰술
- 토마토소스(또는 크림소스) 2컵(400㎖)
  ★ 토마토소스 만들기 14쪽 참고
- 슈레드 피자치즈 1/2컵
- 소금 약간
- 후춧가루 약간

1 양파와 청양고추는 잘게 다지고, 시금치는
  2∼3cm 길이로 썬다. 베이컨은 잘게 다진다.

2 달군 팬에 올리브유를 두르고 중간 불에서
  베이컨, 양파, 청양고추, 다진 마늘을 넣고
  양파가 투명해질 때까지 10분간 볶는다.

3 시금치, 페페론치노를 넣고 10분, 화이트와인을
  넣고 5분, 까망베르 치즈와 파르미지아노 레지아노
  간 것을 넣고 5분간 끓인 후 약한 불로 줄여 10분간
  조린다. 소금, 후춧가루로 간한 후 한 김 식힌다.

4 ③을 짤주머니에 넣고 주머니 끝을
  카넬로니 속에 넣어 채운다.

5 오븐 용기에 ④를 넣고 토마토소스를
  올린 후 슈레드 피자치즈를 뿌린다.

6 180℃로 예열한 오븐에 ⑤를 넣고
  30∼40분간 익힌다.

Tip

카넬로니 이해하기
카넬로니, 리가토니(Rigatoni) 등 원통 모양에
속이 비어있는 파스타는 다양한 재료나
소스를 채워 요리해도 좋아요. 카넬로니는
겉이 매끄러운 반면, 리가토니는 줄무늬가
있는 것이 특징이에요.

Tip 가지 모양대로 얇게 썰기
가지는 길쭉한 모양을 살려서 얇게 썰어야
양념이 잘 배어 부드럽고 맛있어요.

치즈 대체하기
슈레드 피자치즈가 없다면 슬라이스
체다 치즈만 올려도 좋아요.

가지 라자냐

호불호가 강한 식재료인 가지를
누구나 맛있게 즐길 수 있는 메뉴입니다.
가지를 모양대로 얇게 썰어 부드럽게 구워
라자냐 대신 사용했습니다.
가지 대신 주키니 호박을, 토마토소스 대신
미트소스(108쪽)를 활용해도 좋아요.

재료 2인분 · 시간 60분

- 가지(또는 주키니 호박) 3개
- 토마토소스 2컵
  ★ 토마토소스 만들기 14쪽 참고
- 슬라이스 체다 치즈 2장(또는 크림치즈,
  리코타, 마스카르포네 치즈 등)
- 올리브유 3큰술
- 슈레드 피자치즈 1/4컵
- 파르미지아노 레지아노 간 것
  (또는 파마산 치즈 가루) 1/2컵

1 가지는 길게 모양대로 0.5cm 두께로 썬다.
  소금을 뿌려 15분간 절인 후 키친타월로 감싸
  물기를 제거한다.
  ★ 가지는 수분이 많은 채소이므로
  구울 때 물이 생긴다. 식감을 더 좋게
  하기 위해 소금에 절여 물기를 최대한
  제거해야 한다.

2 중간 불로 달군 팬에 올리브유를 두르고
  가지를 넣어 앞뒤로 노릇하게 3~4분간
  굽는다.

3 오븐 용기에 토마토소스를 얇게
  펴 바른 후 가지를 깔고 슬라이스 체다
  치즈를 올린다. 토마토소스 → 가지 →
  슬라이스 체다 치즈 순으로 반복해 쌓은 후
  슈레드 피자치즈와 파르미지아노 레지아노
  간 것을 듬뿍 뿌린다.

4 170℃로 예열한 오븐에 넣어 20~25분간
  노릇하게 익힌다.

콜드 파스타

차갑게 샐러드처럼 즐기는 콜드 파스타는 여름에 잘 어울리는
메뉴인데요, 도시락이나 홈파티에 활용하기도 좋습니다.
콜드 파스타용 면은 원래 삶는 시간 보다 1~2분 더 삶아야 해요.
삶은 파스타를 찬물에 헹구면 금방 딱딱해질 수 있기 때문이지요.
쫄깃한 파스타와 상큼한 방울토마토, 짭조름한 올리브를 질 좋은
올리브유에 버무린 콜드 파스타는 더운 날씨에 없어진 입맛도
돌아오게 한답니다.

재료 2인분 · 시간 20분(+ 식히기 1시간)
- 파르팔레 2컵(또는 다른 쇼트 파스타, 120g)
- 토마토 2개(또는 방울토마토 20개)
- 그린 올리브 10개
- 블랙 올리브 10개
- 케이퍼 2큰술
- 바질잎 5장
- 토마토소스 1컵
  ★ 토마토소스 만들기 14쪽 참고
- 올리브유 3큰술

1 토마토는 꼭지를 떼고 한입 크기로 썬다.
   케이퍼는 굵게 다진다.

2 바질잎은 먹기 좋게 썬다.

3 볼에 ①, 올리브, 토마토소스, 올리브유를 넣고 섞은 후
   냉장실에 넣어 차게 식힌다.

4 냄비에 물(10컵) + 소금(2큰술)을 넣고 센 불에서 끓어오르면
   파르팔레를 넣어 포장지에 적힌 시간 보다 1분 더 삶는다.
   체에 밭친 후 찬물에 헹군다.

5 ③에 삶은 파르팔레를 넣고 버무린 후 그릇에 담고 바질을 올린다.

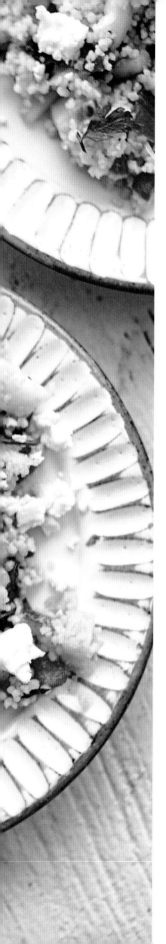

쿠스쿠스샐러드

'쿠스쿠스'는 밀로 만든 좁쌀 크기의 가장 작은 파스타인데요,
유럽에서는 사이드 디쉬로 곁들이거나 샐러드 재료로
많이 사용합니다. 쿠스쿠스와 잘게 썬 토마토, 오이, 양파 등을
함께 버무려 새로운 스타일의 샐러드를 만들어 보세요.
페타 치즈를 더하면 맛과 식감을 업그레이드 시킬 수 있고,
한 끼 식사로도 손색이 없답니다.

재료 2인분 · 시간 20분
- 쿠스쿠스 1/2컵(60g)
- 토마토 1/2개(또는 방울토마토 5개)
- 오이 1/3개
- 양파 1/3개
- 이탈리안 파슬리 2줄기
- 바질잎 2~3장
- 페타 치즈 1/3컵(80g)

드레싱
- 레몬즙 1큰술
- 올리브유 2큰술
- 소금 약간
- 후춧가루 약간

1 큰 볼에 쿠스쿠스를 넣고 따뜻한 물 1컵(200㎖)를
   넣어 섞은 후 랩을 씌워 10분간 둔다. 쿠스쿠스가 익으면
   숟가락으로 윗면을 살살 긁어 뭉치지 않게 섞는다.

2 볼에 드레싱 재료를 넣어 섞는다.

3 토마토는 씨를 제거하고 굵게 다진다.
   오이, 양파, 이탈리안 파슬리, 바질잎도 굵게 다진다.

4 큰 볼에 페타 치즈를 제외한 모든 재료를 넣어
   섞은 후 드레싱을 넣고 버무린다.

5 그릇에 담고 먹기 전에 페타 치즈를 올린다.

Soba with yam,
natto, scallion

마, 낫또, 파를 곁들인 메밀국수

마와 낫또는 일본요리에 많이 쓰이는 건강에 좋기로 알려진
재료들입니다. 이 두 가지에 파까지 곁들이면 맛의 궁합이
환상적이지요. 메밀면을 삶아 마, 낫또, 파를 올리고 쯔유(다시마
가쓰오부시 국물을 간장, 맛술 등으로 양념한 것)까지 더하면
깔끔한 맛이 돋보이는 색다른 메뉴가 완성된답니다.
다이어트 메뉴로도 제격입니다.

재료 2인분 · 시간 20분
- 메밀면 2줌(150g)
- 마 100g
- 낫또 1/2팩(50g)
- 대파 10cm
- 구운 김 1/2장(A4 용지 크기)
- 쯔유 1/2컵(100㎖)
- 물 1/2컵(100㎖)

1 볼에 쯔유와 물을 넣고 섞어 냉장실에 넣어 차게 보관한다.

2 김은 가위로 가늘게 자른다. 대파는 송송 썬다.
   낫또는 젓가락으로 여러 번 휘젓는다.
   마는 껍질을 제거한 후 강판에 간다.
   ★ 마를 손질할 때 가려움증이 생길 수 있으니
   위생장갑을 착용하고 손질해야 한다.

3 끓는 물에 메밀면을 넣고 포장지에 적힌 시간 보다
   1분간 더 삶은 후 체에 밭쳐 찬물에 헹군다.

4 그릇에 메밀면, 마, 낫또, 대파, 김을 올린 후 ①을 부어 완성한다.
   ★ 취향에 따라 달걀노른자를 올리면 더 맛있게 즐길 수 있다.

Tip
마 특유의 식감 만들기
마는 강판에 갈아야 끈적하고 미끈미끈해져
낫또의 식감과 매우 잘 어울리게 된답니다.

Fried
egg noodle

홍콩면볶음

'에그누들'로 알려진 홍콩면은 얇고 노란색을 띠며 기름에 한번 튀겨내 거친 식감을 가진 것이 특징이에요. 식감이 쫄깃해 새우나 오징어 등과 아주 잘 어울리는데요, 삶아서 육수에 담가 먹기도 하고 여러 재료들과 볶아 먹기도 합니다. 고소한 맛이 매력적인 홍콩면으로 이국적인 맛을 즐기세요.

재료 2인분 · 시간 20분
- 홍콩면(또는 쌀국수) 120g
- 생 새우살 10마리(150g)
- 오징어 1마리(270g, 손질 후 180g)
- 브로콜리 1/3개
- 양파 1/8개
- 피망 1/4개
- 대파 10cm
- 생강 2톨
- 포도씨유 3큰술
- 굴소스 2큰술
- 소금 약간
- 참기름 약간

1 새우살은 이쑤시개를 이용해 등쪽의 내장을 제거하고
　오징어는 손질한 후 먹기 좋은 크기로 썬다.

2 브로콜리, 양파, 피망은 한입 크기로 썬다.
　대파는 어슷 썰고, 생강은 얇게 편 썬다.

3 홍콩면은 끓는 물에 넣어 포장지에 적힌 시간 만큼 삶은 후
　체에 밭쳐 물기를 뺀다.

4 끓는 물(3컵) + 소금(1큰술)에 브로콜리를 넣고 30초간 데친다.

5 중간 불로 달군 팬에 포도씨유, 생강, 대파를 넣고
　향이 날 때까지 볶은 후 생강과 대파를 건진다.

6 센 불로 올린 후 새우와 오징어, 브로콜리, 양파, 피망을 넣고
　재빨리 1분간 볶는다.

7 새우와 오징어가 익기 시작하면 홍콩면과 굴소스를 넣고
　10초간 더 볶은 후 소금, 참기름을 넣고 섞는다.

홍콩면 구입하기

사진처럼 동그랗게 말린 건면 형태로 판매해요.
백화점이나 대형마트, 인터넷 쇼핑몰 등에서
작은 홍콩면 10개가 들어있는 한 팩에
3~4,000원 정도입니다.

korean style
sweet pumpkin
gnocci

단호박뇨키 수제비

이탈리아식 감자 뇨키를 감자 대신 단호박으로 반죽하고
한국 스타일로 재해석한 메뉴입니다. 파스타처럼 소스에 버무려도
맛있지만 진한 멸치국물에 넣어 수제비처럼 즐겨도 좋습니다.

재료 2인분 · 시간 60분

- 단호박 1/2개
- 감자 1/2개
- 애호박 1/3개
- 대파 15cm
- 감자전분 2큰술
- 강력분 1과 1/4컵
- 파르미지아노 레지아노 간 것
  (또는 파마산 치즈 가루) 3큰술
- 멸치국물 4컵
- 소금 약간 + 약간
- 후춧가루 약간

1 단호박은 껍질, 씨를 제거한 후 사방 2cm 크기로 썬다.
  감자는 껍질을 벗기고 애호박, 대파와 함께 1cm 두께로 채 썬다.

2 단호박은 위생팩에 넣어 전자레인지(700W)에 넣고 7~8분간
  돌려 익힌다. 물기를 완전히 제거한 후 뜨거울 때 체에 밭쳐 으깬다.

3 볼에 으깬 단호박, 감자전분, 강력분, 파르미지아노 레지아노 간 것,
  소금을 넣고 한 덩어리가 되도록 반죽한다.

4 반죽을 한입 크기로 떼어내 손바닥에 넣고 쥐어
  사진과 같은 모양으로 만든다.

5 냄비에 멸치국물을 넣고 센 불에서 끓어오르면 감자, 애호박을 넣어
  중간 불에서 5분간 끓인다. ④의 뇨키, 대파를 넣고 10분간 끓이고
  대파는 건진다. 소금, 후춧가루로 간한다.

멸치국물 만들기
냄비에 다시마 5×5cm 3장, 국물용 멸치 12마리,
물 5컵을 넣고 중약 불에서 10분간 끓인 후 체에 걸러요.
완성된 국물의 양은 4컵이며 부족할 경우 물을 더하세요.

데리야키소스를 곁들인
비프 스테이크

손바닥 크기의 두툼한 쇠고기 채끝살을 키친타월로
핏물을 살짝 닦아내고 센 불에서 앞뒤로 한번씩 돌려가며 구운 후
소스에 담갔다가 그릇에 올리면 끝나는 메뉴입니다.
사이드 메뉴로 큐브로 썬 감자, 마늘, 방울토마토를 올리브유에
구워 곁들이면 잘 어울려요. 이때 로즈메리를 넣어 함께 구우면
풍미가 더해져 더욱 맛있습니다.

재료 1인분 · 시간 20분
• 스테이크용 쇠고기(채끝살, 안심, 등심 등) 200g
• 감자 1/2개
• 로즈메리 1줄기
• 올리브유 2큰술
• 소금 약간

데리야키소스
• 설탕 1큰술
• 양조간장 3큰술
• 후춧가루 약간

1 볼에 데리야키소스 재료를 넣고 설탕이 녹을 때까지 섞는다.
   감자는 껍질을 벗기고 사방 1cm 크기로 썬다.
   로즈메리는 줄기에서 잎만 떼어낸다.

2 중간 불로 달군 팬에 올리브유를 두르고 로즈메리잎 1/2 분량과
   감자를 넣고 소금으로 간하면서 감자가 노릇해질 때까지 10분간 구워
   그릇에 덜어둔다.

3 팬을 닦고 다시 센 불로 달궈 쇠고기를 올린 후 앞뒤로 각각
   1분 30초간 굽는다. 기호에 따라 굽는 시간을 조절한다.

4 구운 쇠고기가 뜨거울 때 소스를 앞뒤로 바른 후 ②의 그릇에 올린다.
   남은 소스를 붓고 나머지 로즈메리잎을 뿌린다.

Homemade
hamburger

햄버그 스테이크

고기 반죽은 미리 만들어두면 다양하게 활용할 수 있습니다.
치즈, 달걀프라이 등을 올려 햄버그 스테이크로 먹거나,
번 사이에 패티, 양상추, 토마토 슬라이스, 치즈 등을 넣어
수제버거를 만들어도 좋지요. 동그랗게 빚어 구워 토마토 파스타에
넣으면 맛있는 미트볼 파스타가 됩니다. 취향에 따라 고기 반죽에
돼지고기를 섞어도 좋아요. 한번에 많이 만든 후 1인분씩 포장해
냉동실에 넣어두면 아주 편리하게 활용하게 되죠.

Tip

더 맛있게 만들기

(위 사진) 고기 반죽은 최대한 오래,
많이 치댈수록 좋아요. 설탕 대신 과일잼을
넣으면 상큼한 풍미가 더해져 더욱 맛있어요.
(아래 사진) 햄버그 스테이크를 준비할 때
치즈는 뜨거울 때 올려 녹여야 더욱 맛있어요.

재료 2인분 · 시간 40분

- 슬라이스 체다 치즈 2장
- 달걀프라이 2개
- 통후추 간 것 약간

고기 반죽

- 다진 쇠고기 400g
- 다진 양파 1개분
- 다진 마늘 1큰술
- 빵가루 4/5컵
- 우유 4큰술
- 설탕 1큰술
- 소금 약간
- 후춧가루 약간
- 올리브유 2큰술 + 1큰술
- 박력분 1큰술

1 큰 볼에 고기 반죽의 빵가루, 우유, 설탕, 소금, 후춧가루를 넣고 섞는다.

2 중간 불로 달군 팬에 고기 반죽의 올리브유 2큰술, 다진 양파,
다진 마늘을 넣어 갈색이 될 때까지 볶는다.

3 ①의 볼에 다진 쇠고기, ②를 넣어 섞는다. 충분히 치댄 후
반죽을 2등분해 둥글납작한 패티를 만들고 박력분을 골고루 뿌린다.

4 중간 불로 달군 팬에 올리브유 1큰술을 두르고 패티를 올린다.
앞뒤로 노릇하게 구운 후 약한 불로 줄이고 뚜껑을 덮어
속까지 익도록 10분간 더 굽는다.

5 슬라이스 체다 치즈를 올린 후 불을 끈다.
그릇에 담고 달걀프라이를 올린 후 통후추 간 것을 뿌린다.
★ 기호에 따라 토마토소스, 어린잎 채소 등을 곁들여도 좋다.
★ 토마토소스 만들기 14쪽 참고

Japanese
chicken donburi

일본식 치킨덮밥

나른한 주말, 요리하기 귀찮을 때
제격인 메뉴를 소개합니다. 달걀은
부드럽게 반숙으로 익히는 것이 중요해요.
너무 많이 익으면 식재료들이 엉겨붙어
잘 비벼지지 않기 때문이지요.
닭고기 대신 장어, 생선, 돼지고기,
쇠고기 등 다른 재료를 활용해도 좋아요.

재료 2~3인분 · 시간 30분
- 따뜻한 밥 2공기(400g)
- 닭다릿살 4쪽(360g)
- 양파 1/2개
- 청양고추 1/2개
- 홍고추 1/2개
- 마늘 1쪽
- 달걀 5개

소스
- 설탕 2큰술
- 양조간장 5큰술
- 청주 2큰술
- 후춧가루 1/2작은술

1 양파는 채 썰고 청양고추, 홍고추는
  어슷하게 썬다. 마늘은 편 썬다.
  닭다릿살은 칼을 비스듬히 눕혀 저미듯이
  2등분해 먹기 좋은 크기로 썬다.

2 볼에 달걀을 깨 넣는다.
  이때, 노른자를 터트리거나 섞지 않는다.
  다른 볼에 소스 재료를 넣고 섞는다.

3 달군 팬에 닭다릿살을 넣고
  중간 불에서 2분간 볶은 후
  소스 1/2 분량을 넣어 5분간 끓인다.

4 양파, 청양고추, 홍고추, 마늘,
  남은 소스를 넣고 2분간 끓인다.

5 ④의 팬에 달걀을 둘러가며 붓고
  젓가락으로 노른자만 살짝 터뜨린 후 그대로
  뚜껑을 덮어 중약 불에서 8분간 익힌다.

6 두 개의 그릇에 밥과 ⑤를 나눠 담는다.

Handmade ham &
pineapple garnished with
vegetable rice

자투리 채소밥과
구운 수제햄 &
파인애플

톡톡 터지는 식감이 좋은 냉동 채소
믹스와 두툼한 수제햄. 새콤달콤한 구운
파인애플을 함께 먹으면 참 잘 어울립니다.
쌀밥과 타바스코, 우스터소스의 조합도
색다른 맛이 있으니 꼭 도전해 보세요. 특히
안심스테이크의 사이드 메뉴로 제격이지요.
반숙 달걀프라이를 올려 간단하게
아침식사로 즐겨도 좋아요.

재료 2인분 · 시간 20분
- 따뜻한 밥 1과 1/2공기(300g)
- 냉동 채소 믹스
  (또는 자투리 채소 굵게 다진 것) 1컵
- 수제햄 2cm 두께, 1쪽(또는 스팸, 200g)
- 파인애플 링 1개
- 올리브유 1/2큰술
- 우스터소스(또는 양조간장) 1큰술
- 타바스코소스 1작은술

1 파인애플 링은 물기를 제거한다.

2 달군 팬에 올리브유를 두르고
  수제햄과 파인애플을 넣어
  중간 불에서 앞뒤로 노릇하게 굽는다.

3 냉동 채소 믹스는 체에 밭친 채로
  끓는 물에 살짝 데친다.
  ★ 자투리 채소 굵게 다진 것은 달군 팬에
  올리브유 1/2큰술을 두른 후
  중간 불에서 1분간 볶는다.

4 그릇에 구운 수제햄과 파인애플, ③,
  밥을 나눠 담은 후 우스터소스와
  타바스코소스를 뿌린다.

Mushroom
risotto

버섯리소토

버섯의 맛과 향을 고급스럽고 풍성하게 즐길 수 있는 건강한
리소토입니다. 버섯은 볶을수록 특유의 고소한 맛이 올라오는데
수분이 날아가고 쫄깃해질 때까지 정성껏 잘 볶는 것이 중요해요.
리소토는 죽처럼 처음 쌀의 양 보다 훨씬 불어나기 때문에
쌀의 분량을 너무 많이 하지 마세요. 느타리버섯이나 팽이버섯,
만가닥버섯 등 다양한 버섯을 활용해도 좋아요.

재료 2인분 · 시간 30분
- 표고버섯 5개
- 양송이버섯 6개
- 불린 쌀 1컵(불리기 전 2/3컵)
- 시판 고형 치킨스톡 1개
- 물 3컵(600㎖)
- 올리브유 1큰술
- 다진 마늘 1작은술
- 버터 2큰술
- 파르미지아노 레지아노 간 것
  (또는 파마산 치즈 가루) 2큰술
- 소금 1작은술
- 후춧가루 1/2작은술
- 트러플 오일 1작은술(생략 가능)

1 표고버섯과 양송이버섯은 밑동을 제거하고 사방 1cm 크기로 썬다.

2 치킨스톡은 물에 넣어 녹인다.

3 달군 팬에 올리브유를 두르고 다진 마늘을 넣어
 중간 불에서 30초간 볶는다.

4 약한 불로 줄여 버터와 버섯을 넣고
 수분이 날아갈 때까지 1분간 볶는다.

5 불린 쌀을 넣어 쌀이 눌어붙지 않도록 ②의 치킨스톡 국물을
 조금씩 넣어가며 20분간 볶는다.

6 쌀이 어느 정도 퍼지면서 버섯과 어우러지면
 파르미지아노 레지아노 간 것과 소금, 후춧가루, 트러플 오일을 넣고
 섞는다. 취향에 따라 타임(허브)을 뿌려도 잘 어울린다.

Tip 트러플 이해하기

트러플(Truffle), 즉 송로버섯은 세계 3대 진미 중
하나로 가격이 비싸고 구하기도 쉽지 않아요.
특유의 향을 즐기기 위해 먹는 버섯이므로
보통 요리에는 버섯에 비해 가격이 저렴한
트러플 오일을 많이 쓴답니다. 인터넷 몰이나
백화점 식품매장 등에서 구입할 수 있어요.

Herb
bibimbob

허브비빔밥

허브는 서양요리에 사용하는 식재료로 생각하지만
대형마트에서도 많이 파는 바질, 파슬리 등의 허브를 밥에
듬뿍 올려 한국식 양념장에 비벼 먹으면 묘하게 잘 어울린답니다.
연어, 삼치, 가자미 등 생선요리에 곁들이면 산뜻한 느낌을
더할 수 있고 든든하면서도 맛있게 먹을 수 있어요.

재료 2인분 · 시간 10분
- 따뜻한 밥 2공기(400g)
- 루콜라 1과 1/2줌(30~40g)
- 크레송 1과 1/2줌(30~40g)
- 모둠 허브(또는 이탈리안 파슬리) 30g

양념장
- 모둠 허브(또는 달래) 30g
- 홍고추 1/2개
- 양조간장 3큰술
- 물 1큰술
- 통깨 1작은술
- 설탕 1작은술
- 참기름 1/2작은술

1 양념장 재료의 모둠 허브와 홍고추는 굵게 다진 후 볼에 넣는다.
   나머지 양념장 재료를 넣어 골고루 섞는다.

2 루콜라, 크레송, 모둠 허브는 흐르는 물에 씻은 후 얼음물에 30분
   정도 담가둔다. 물기를 제거하고 먹기 좋은 크기로 썰거나 뜯는다.

3 그릇에 밥을 담고 ②를 올린 후 양념장을 넣어 비벼 먹는다.

레몬밥

상큼한 레몬 향을 가득 담은 이색적인 밥입니다. 느끼한 메뉴를
먹을 때 곁들이기 좋은 메뉴예요. 특히 생선요리나 닭요리에
곁들이면 아주 잘 어울리지요. 레몬은 껍질만 쓰기 때문에 깨끗하게
세척하는 것이 중요하니 레시피대로 깔끔하게 씻으세요.

재료 2인분 · 시간 15분(+ 레몬 세척하기 30분)
- 따뜻한 밥 2공기(400g)
- 레몬제스트 4큰술(레몬 4개분)
- 이탈리안 파슬리 4줄기
- 소금 1작은술

1 레몬은 흐르는 물에 씻고 찬물에 30분간 담가둔다.
　밀가루로 문질러가며 닦고 다시 소금물에 담가두었다가 씻는다.

2 이탈리안 파슬리는 곱게 다진다.

3 밥에 레몬제스트, 다진 이탈리안 파슬리를 넣고 섞은 후
　소금으로 간한다.

Tip

레몬제스트 만들기

음식의 맛과 향, 모양을 더욱 좋게 하기
위해 오렌지, 레몬 등의 겉껍질을 잘게 다진
제스트(Zest)를 활용하는데요. 사진과 같이
전용 도구인 제스터를 쓰면 쉽게 만들 수 있어요.
제스터가 없다면 강판을 이용하거나
필러로 겉껍질만 얇게 벗긴 후 칼로 잘게
다지세요. 하얀 속껍질이 들어가면 쓴 맛이 나니
노란 겉껍질만 이용하세요.

파슬리 마늘밥

마늘 향을 좋아하는 이들에게 특히
추천합니다. 튀기듯이 노릇하게 구운
마늘과 향긋한 파슬리를 밥에 듬뿍 넣고
버무린 메뉴인데, 고기요리나 생선요리와
함께 먹으면 잘 어울리지요. 따뜻한 밥을
사용하면 밥알이 뭉칠 수 있으니
찬밥으로 만드세요. 따뜻한 밥만 있다면
한 김 식힌 후 버무리세요.

재료 2인분 · 시간 20분
- 밥 1과 1/2공기(300g)
- 마늘 10쪽
- 이탈리안 파슬리 30g
- 올리브유 2큰술
- 소금 약간 + 1작은술
- 후춧가루 1/2작은술

1 마늘은 얇게 편 썰고 이탈리안 파슬리는
곱게 다진다.

2 달군 팬에 올리브유를 두르고 마늘, 소금
약간을 넣어 중약 불에서 갈색이 되도록 5분,
밥을 넣고 10분간 볶는다.

3 소금 1작은술, 후춧가루를 넣어 섞은 후
불을 끈다.

4 다진 이탈리안 파슬리를 넣고 버무린다.

베이컨 깻잎덮밥

어떻게 먹어도 맛있는 베이컨이지만
가끔은 색다른 조리법으로 즐기세요.
베이컨을 뜨거운 물에 데친 후 간장소스에
조려 향긋한 깻잎과 함께 뜨거운 밥 위에
올리면 아주 맛있는 한 끼 식사가 됩니다.
기름기가 쭉 빠지고 짭조롬한 간장소스가
밴 베이컨은 반찬으로 먹어도 별미입니다.

재료 2인분 · 시간 30분
- 따뜻한 밥 2공기(400g)
- 베이컨 1팩(70g)
- 깻잎 3장
- 양파 1/3개
- 마늘 2쪽
- 구운 김 1장(A4 용지 크기)
- 버터 1/2큰술

소스
- 시판 고형 치킨스톡 1/2개
- 청주 1/2컵(100㎖)
- 물 1/2컵(100㎖)
- 양조간장 4큰술

1 베이컨은 1cm 폭으로 썬다.

2 깻잎, 양파는 가늘게 채 썰고 마늘은 편 썬다.
구운 김은 잘게 부순다.

3 끓는 물에 베이컨을 넣고 3분간 데친 후
체에 밭쳐 물기를 뺀다.

4 냄비에 소스 재료를 넣고 중간 불에서
끓어오르면 베이컨, 마늘, 양파를 넣은 후
약한 불로 줄여 국물이 자작해질 때까지
10분간 끓인다.

5 국물이 충분히 졸아들면 버터를 넣고
중간 불로 올려 3분간 볶는다.

6 그릇에 밥을 담고 ⑤와 깻잎, 김을 올린다.

아보카도 스팸 수란 덮밥

아보카도, 스팸, 수란. 상상만 해도 맛있을 것 같은 조합이지요?
세 가지 재료가 어우러져 이국적이면서도 색다른 맛을 낸답니다.
아보카도는 잘 익은 것을 고르고, 수란은 만들기 어렵다면
반숙 달걀프라이를 올려도 됩니다. 취향에 따라 톡 쏘는
생 와사비를 곁들여도 좋아요.

재료 2인분 · 시간 20분
- 따뜻한 밥 2공기(400g)
- 통조림 햄 1캔(200g)
- 아보카도 1개
- 달걀 2개
- 양조간장 1큰술
- 마요네즈 1큰술

1 통조림 햄은 2등분해 모양대로 0.3~0.4cm 두께로 썬다.
  아보카도는 씨를 제거한 후 티스푼을 이용해
  과육을 발라낸다. ★ 아보카도 손질하기 26쪽 참고
  작은 볼에 달걀 1개를 노른자가 깨지지 않도록 깨뜨려 넣는다.

2 달군 팬에 통조림 햄을 넣어 앞뒤로 노릇하게 구워 덜어둔다.

3 냄비에 물을 넉넉하게 붓고, 소금(1작은술), 식초(1큰술)를 넣어
  센 불에서 끓어오르면 중약 불로 줄여 숟가락으로 물을 세게 저어
  회오리를 만든 후 가운데에 ①의 달걀 1개를 조심스럽게 넣고
  2분간 익힌다. 같은 방법으로 1개 더 만든다.
  ★ 수란을 만들 때 소금, 식초를 넣으면 모양이 더 잘 만들어진다.

4 그릇에 밥을 담고 수란을 올린 후 구운 통조림 햄, 아보카도를
  올린다. 양조간장과 마요네즈를 뿌린다.

달걀밥

볶음밥 중에서 가장 기본인 메뉴라서 쉬울 것 같지만 자칫 질퍽하게
될 수 있고, 달걀만 너무 단단하게 익어 식감이 따로 노는 경우가
종종 있어요. 스크램블 에그를 만들 듯 달걀이 부드럽게 익었을
때 찬밥을 넣어 볶는 것이 비법입니다. 밥알이 한 알 한 알 기름에
코팅되듯 볶는 것도 포인트!

재료 2인분 · 시간 15분
- 밥 2공기(400g)
- 달걀 5개
- 대파 1대
- 포도씨유 1큰술 + 2큰술
- 소금 약간 + 약간 + 1/2작은술
- 후춧가루 약간

1 볼에 달걀을 넣고 푼 후 소금 약간을 넣어 섞는다. 대파는 송송 썬다.

2 중간 불로 달군 팬에 포도씨유 1큰술을 두르고 ①의 달걀을 넣어
  젓가락으로 저어가며 30초간 살짝 익힌 후 그릇에 덜어둔다.

3 팬을 닦고 다시 달궈 포도씨유 2큰술을 두른 후 센 불로 올려
  밥을 넣고 5분간 볶은 후 소금 약간을 넣어 섞는다.

4 ②, 대파를 넣고 버무린 후 불을 끈다.
  소금 1/2작은술, 후춧가루를 뿌려 간한다.

Tip
스크램블 에그 더 쉽고 예쁘게 만들기
젓가락으로 알끈을 끊어가며 달걀을 충분히
푼 후 스크램블 에그를 만드세요. 더 쉽게
만들 수 있고 익은 달걀 덩어리가 균일해서
보기 좋아요.

Abalone
porridge

전복 내장죽

전복은 특히 내장에 영양이 많다고 해요. 전복의 내장까지 넣어
죽을 끓이면 맛도 맛이지만 어쩐지 기운이 나는 것 같지요.
입맛이 없는 날이나 아픈 누군가를 위해 전복죽을 끓여 보세요.
레시피에는 전복살까지 넣었지만 굳이 넣지 않아도 돼요.
이 요리의 포인트는 전복 내장이니 전복요리를 하고 남은 내장을
얼렸다가 살짝 해동해 잘게 썰어 활용해도 됩니다.

재료 2인분 · 시간 30분
- 전복 2마리(작은 것, 100g)
- 불린 쌀 1/2컵(105g)
- 참기름 1큰술
- 물 3컵(600㎖)
- 소금 약간

1 전복은 굵은소금(1큰술)을 뿌려가며
  조리용 솔로 이물질을 닦는다.

2 전복의 살과 껍데기 사이에 숟가락을 넣어 조심스럽게 분리한 후
  내장을 떼어낸다. 내장은 믹서에 넣어 곱게 갈고
  살은 끝부분의 입을 칼로 제거한 후 한입 크기로 썬다.

3 중간 불로 달군 냄비에 참기름을 두르고 불린 쌀과
  전복살을 넣고 중간 불에서 3분간 쌀이 투명해질 때까지 볶는다.

4 물 3컵을 붓고 끓기 시작하면 약한 불로 줄여 20분간 끓인다.
  이때 쌀이 눌어붙지 않도록 중간중간 젓는다.

5 죽 상태가 되면 곱게 간 내장을 넣고 5분간 더 끓인 후
  소금으로 간한다.

Tip **전복 고르기와 손질하기**
전복은 살아있는 것을 사야 내장이 비리지 않고
고소해요. 살과 껍데기 사이에 숟가락을
넣어 내장이 터지지 않게 살살 분리하세요.

Potato soup

감자수프

수프의 기본 중의 기본, 감자수프만 제대로 성공한다면
양송이버섯, 브로콜리, 당근 등 다양한 재료로 맛있는 수프를
끓일 수 있어요. 이 수프는 따뜻하게 먹어도 좋지만 차갑게 식힌 후
달콤하게 조린 발사믹 글레이즈를 뿌려 먹어도 산뜻하고 맛있어요.
특히 감자가 제철인 여름에 손님을 초대했을 때, 냉장실에 넣어
차갑게 식힌 작고 예쁜 수프 그릇에 농도가 진하고 차가운
감자수프를 담아 내보세요. 정통 서양식 레스토랑에서나
만날 수 있는 고급스러움이 느껴진답니다.

재료 2인분 · 시간 50분
- 감자 1과 1/2개
- 양파 1/2개
- 버터 1큰술
- 올리브유 1큰술
- 물 2컵(400㎖)
- 생크림 1/2컵(100㎖)
- 소금 약간
- 후춧가루 약간

1 감자는 껍질을 벗긴 후 잘게 다진다. 양파는 가늘게 채 썬다.

2 중간 불로 달군 냄비에 버터, 올리브유, 양파를 넣고
   양파가 투명해질 때까지 10분간 볶는다.

3 감자를 넣고 10분간 더 볶은 후 물을 붓는다.
   센 불에서 끓어오르면 중간 불로 줄여 5분간 끓인다.

4 감자가 어느 정도 익으면 핸드블렌더로 곱게 간다.
   10분간 더 끓여 수프가 자작해지면 생크림, 소금, 후춧가루를
   넣어 1~2분간 더 끓인다. ★ 취향에 따라 구운 식빵, 마늘빵 등을
   곁들여먹으면 더욱 든든하게 즐길 수 있다.

French
onion soup

프랑스식 양파수프

양파수프는 시간과 정성만 들인다면 상상하는 것 이상의
맛을 선사하는 메뉴예요. 약한 불에서 양파가 황금빛 갈색을
띨 때까지 천천히 정성껏 볶는 것이 포인트랍니다.
이 수프는 양파 본연의 단맛이 충분히 올라오면서 깊고 진한
풍미를 내는데, 여기에 치즈의 고소함까지 더해지면
프랑스의 정통 양파수프가 전혀 부럽지 않지요.

재료 2인분 · 시간 60분

- 양파 3개
- 슈레드 피자치즈 1/2컵
  (또는 그뤼에르 치즈, 50g)
- 올리브유 1큰술
- 버터 1큰술
- 시판 고형 치킨스톡 1개
- 물 4컵(800㎖)
- 소금 약간
- 후춧가루 약간

1 양파는 0.3cm 두께로 채 썬다.

2 달군 냄비에 올리브유, 버터, 양파를 넣고 중간 불에서
  갈색이 될 때까지 30분 이상 볶는다.

3 치킨스톡, 물을 넣고 중약 불에서 20분간 끓인 후
  소금, 후춧가루를 넣는다. 오븐은 180℃로 예열한다.

4 오븐 용기에 ③을 넣고 슈레드 피자치즈를 듬뿍 뿌린 후
  180℃로 예열한 오븐에 넣어 치즈가 노릇해질 때까지 10분간
  굽는다. ★ 취향에 따라 구운 식빵, 마늘빵 등을 곁들여 먹으면
  더욱 든든하게 즐길 수 있다.

Tip 더 맛있게 만들기

정말 맛있는 양파수프를 만드는 비법은
양파를 오래 볶는 데 있어요. 사진처럼 양파가
황금빛 갈색이 될 때까지 충분히 볶아야
양파의 단맛이 풍부해져서 수프가 참 맛있어요.

Tip
부드럽게 즐기기
(위 사진) 푸드프로세서에 갈아 그대로 먹어도
되지만 **(아래 사진)** 체에 한번 내리면 훨씬 더
부드럽게 즐길 수 있어요.

가스파초

여름철, 잃어버린 식욕을 되찾기에 좋은
콜드 수프입니다. 불 조리가 필요 없어
더욱 매력적이지요. 숙취에 좋은 오이와
토마토를 듬뿍 사용해 과음한 다음 날
가볍게 만들어 먹기도 좋아요.
예쁜 칵테일 잔에 담아도 잘 어울려요.

재료 2인분 · 시간 10분(+ 차게 식히기 1시간)
- 토마토 2개(또는 방울토마토 20개)
- 오이 1/2개
- 홍피망 1/2개
- 청피망 1/4개
- 양파 1/8개
- 올리브유 2큰술
- 물 1/4컵(50㎖)
- 식초 1큰술
- 소금 약간
- 후춧가루 약간

1 토마토, 오이, 피망, 양파를 한입 크기로 썰어
  푸드프로세서에 넣고 곱게 간다.

2 ①에 올리브유, 물, 식초를 넣고
  1분간 더 간다.

3 소금, 후춧가루를 넣고 냉장실에 넣어
  차게 식힌다.

Essay 3
by 엄마 송영미

맛있는 여행
Japan 일본, 음식 여행의 천국

음식 여행으로 일본이 천국이 아닌가 싶다. 우리 가족은 여행을 계획할 때 '어디서 몇 끼를 먹는지'에 따라 '몇 박 며칠을 여행할지' 결정할 정도로 음식을 중요하게 생각했다. 우리가 제일 좋아하는 곳 중 하나가 바로 일본이다. 일본은 음식 여행의 천국으로 손꼽을 수 있다. 맛도 좋지만 눈으로도 행복하고 보다 다양한 것을 즐길 수 있는 것이 일본의 음식 여행이다. 우리나라와 달리 일본에는 정말 다양한 식재료가 있다. 이렇게 발달한 음식 문화 때문에, 그곳의 많은 식재료들이 부러워서 남편은 언젠가 한 일 년 정도 일본에서 살아 보고 싶다고 했다. 우리는 일본어를 배우기도 했는데, 반 조리된 일본 식품들의 설명을 자세히 알고 싶어서, 요리책들의 디테일한 설명을 읽고 싶어서, 또 일본을 여행하면서 메뉴를 직접 읽고 주문하고 싶어서였다.

> 여행을 계획할 때
> '어디서 몇 끼를 먹는지'에
> 따라 '몇 박 며칠을
> 여행할지' 결정할 정도로
> 음식을 중요하게 생각했다.

★ **요요카쿠(洋洋閣)**
Ⓐ 佐賀県唐津市東唐津2–4–40
Ⓣ (+81) 0955–72–7181

일본 100대 료칸 중 하나.
가라쓰에 위치한 요요가쿠 료칸.

우리는 일본에 가면 아침 일찍 일어나 그 지역에 있는 어시장을 찾아간다. 일본의 어시장은 이른 아침부터 맛깔나다. 우리나라 같이 왁자지껄하게 생선을 보는 재미는 없다. 조용하다. 상업적으로 큰 곳 아니면 어딘가에 가게들을 꼭꼭 숨겨 넣어둔 것인지…. 이곳이 과연 어시장인가 싶을 정도로, 그 안에서 무슨 일이 일어나는지 모를 정도로 조용하다. 우리가 찾는 곳은 주로 어시장 안에 시장 상인들이 즐겨 찾는 밥집들이다. 그곳에는 생선구이는 물론, 회덮밥과 함께 이꾸라동, 우니동 등 아침부터 맥주를 부르는 메뉴들로 넘쳐난다. 우리나라에서 흔히 볼 수 없는 다양한 수산물을 원 없이 즐길 수 있다. 신선한 것은 두말할 나위 없다. 일본 여행을 한다면 어시장의 아침을 만나보길 꼭 추천한다.

일본의 여관 문화를 궁금해하며 가장 즐겨 다녔던 곳은 가라쓰 시(唐津市)에 있는 요요카쿠(洋洋閣)*라는 료칸(여관)이다. 이곳은 100년 된 료칸인데, 일본 100대 료칸 중에서도 열손가락 안에 꼽히는 곳이다. 정통 일본식 료칸이지만 그곳의 정서나 정원의 형태는 한국의 느낌도 조금 배어 있는 듯하다.

이곳은 못을 사용치 않고 지어낸 료칸으로 매우 조용하다. 도자기가 유명한 가라쓰의 명성 대로 요요카쿠에서 쓰는 그릇은 모두 다 일본에서 제일 유명한 도공의 작품이다.

요요카쿠는 아침상도 훌륭하지만 저녁에 준비되는 두 가지 메뉴가 환상적이다. 일본 정통의 가이세키(會席料理)* 요리와 스키야키(鋤燒)*(스키야키는 이보다 더 맛있는 곳을 아직 찾지 못했다)가 바로 그것. 고기는 기름이 없는 듯하면서 살살 녹는데 그 지역에서 자란 양배추와 어슷하게 썬 대파, 표고버섯, 청경채, 찹쌀떡이 곁들여 나온다. 그리고 요요카쿠만의 소스와 함께 샘물 같은 맛의 특별한 사케가 나온다. 샘물 같은 맛과 그 집 주인 노부부의 따뜻한 배려가 느껴지는 순간이다.

가라쓰에는 100년이 넘은 장어요리 집도 있다. 타케야*가 바로 그곳. 이곳의 장어덮밥은 그냥 입 안에서 녹는 맛이라고나 할까? 게다가 맑게 끓인 장어국(長魚吸物)에서는 유자 향이 난다. 한치도 매우 유명해 일부러 한치회를 먹으러 갈 정도이다. 한치 튀김은 당연지사.

작은 도시 같지만 가라쓰에는 도공들이 많이 살아서 도시가 품격이 있다. 매년 도자기 축제가 열릴 정도. 일본 삼대 도공 중에 한 분인 '나기사또(なかさと)'의 작업장이 가라쓰에 있다. 일 년에 한번 정도 산 속의 작업장에서 연주회가 열리는데, 세계적인 유명인들이 지인들을 통해 소규모로만 모이는 곳이다. 이 연주회의 연주자들은 대가로 돈 대신 이 도자기를 받는다고들 한다. 그 정도로 나가사또의 도자기는 전 세계적으로 유명한데, 도자기의 선이 일본 정통이 아니라 한국의 그것처럼 자연스럽고 기품이 있다. 하긴, 일본의 도자기는 임진왜란 때 한국의 도공들을 데려가 가마를 축조하고, 도자기를 제작하게 한 데서 비롯된 것이니 영틀린 말은 아닐 거다.

단아한 사기 주전자에
뜨끈하게 데운
사케 한 잔은
몸을 더욱 따뜻하게
녹여주기 충분했다.

* 가이세키(會席料理)
  작은 그릇에 다양한 음식이 조금씩 순차적으로 담겨 나오는 일본의 연회용 코스 요리.

* 스키야키(鋤燒)
  냄비에 쇠고기 기름을 두른 다음 고기를 살짝 익히고 나머지 재료들을 하나씩 넣어가며 볶다가 육수를 자작하게 부어 먹는 요리.

* 타케야(竹屋)
  Ⓐ 佐賀県 唐津市 中町 1884-2
  Ⓣ (+81) 73-0955-3244

장어요리와 한치가 유명한 타케야. 한치회를 주문한 손님과 점원이 이야기를 나누고 있다.

이 나가사또의 그릇을 사용하는 식당이 두 군데 있는데 한 곳은 두부집인 가와시마 두부*, 한 곳은 정통 스시집인 츠쿠다 스시*이다. 이 두 곳은 자세한 정보 없이는 찾아가기도 힘들다. 두부집은 시장 안에 있으며 아주 작아서 5명 정도만 음식을 먹을 수 있다. 이 두 곳의 식당은 나가사또 선생님이 개인적으로 동경에서 음식을 수련시켜서 이곳에 식당을 낸 것이라고 했다. 그릇 자체의 모양이나 무늬가 화려하지 않아 음식을 담으면 더욱 돋보인다. 이곳의 두부는 한번도 먹어 보지 못했던 맛이었다. 무언가 부드럽다기 보다 몽글몽글 씹히면서도 고소함과 차진 식감이 달랐다.

일본의 음식문화는 대중의 입맛에 많이 맞추어 나아가는 것이 장점 아닌가 싶다. 조잡스럽기도 하지만 그들의 창의성은 놀랄 정도로 정교한 맛을 찾아내는 것 같다.

스시집인 츠쿠다 스시도 예약을 해야 갈 수 있다. 식당 안에 들어가면 아무 것도 없다. 평범한 일식당 같지 않게 홀에도, 작은 주방에도 생선 한 마리 보이지 않는다. 그냥 6명 정도가 앉을 수 있는 곳이다. 저녁에 한 테이블만, 그 손님들만을 위해서 준비된다. 스시의 정교함도 좋고 기분 탓인지 맛도 색달랐으며 살살 녹는 식감은 말로 표현할 수 없을 정도였다. 사바스시(鯖寿司)*는 한국산이라고 했다. 고등어는 한국산이 제일 좋아서 비행기로 수급해 온다고 했다. 스시도 좋았지만 가장 기억에 남는 것은 에비스시(海老)*와 마 튀김. 마 튀김에 사용된 마는 처음 보는 종류였다. 일본에만 있는 종류라고 했는데. 얼룩말의 줄무늬처럼 붉은색 줄무늬가 있는, 동그랗게 생긴 마를 그대로 튀겨냈다. 그 맛이 감자도 아니고 고구마도 아니고 마도 아니고… 한번도 먹어 보지 못했던 신기한 맛이었다.

* **가와시마 두부점**
   (川島豆腐店, Kawashimatofu)
   Ⓐ 1775 Kyomachi, Karatsu,
   Saga Prefecture 847-0045
   Ⓣ (+81) 955-72-2423

* **츠쿠다 스시집**
   (つくだ, Tsukuda)
   Ⓐ 1879-1 Nakamachi, Karatsu
   847-0051, Saga Prefecture
   Ⓣ (+81) 955-74-6665

* **사바스시(鯖寿司)** : 고등어초밥

* **에비스시(海老)** : 단새우초밥

이 작은 도시로 동경. 아니 외국에서까지도 스시를 먹으러 온다고 한다. 일본은 작은 도시에도 그곳의 음식문화 수준이 매우 높았다. 그리고 기본기가 매우 탄탄한 것 같다. 싼 가격은 아니지만 한번쯤 저명한 가라쓰의 도자기에 담긴 일본의 스시 문화를 제대로 맛볼 수 있는 기회여서 행복했다.

일본인들은 생각 보다 맥주를 자주 즐긴다. 고급 식당이든 아니든 어느 식당에서나 기본적으로 맥주 컵들은 다 차갑게 준비되어 있어 언제나 맥주를 가장 맛있는 온도로 즐길 수 있다. 참고로 유리컵도 좋지만, 꽁꽁 얼려둔 도자기에 담긴 맥주를 즐기는 것도 황홀할 정도의 기쁨이 있다.

음식과 여행,
이 두 가지를 공유하면
우리의 삶 자체도
그 음식과 여행 안에서
더 많은 것을
얻는 것 같다.

또 일본은 양식이 발달한 나라이다. 우리가 말하는 이탈리아식, 프랑스식의 메뉴가 아니라 서양식 오므라이스, 카레라이스, 하이라이스, 햄버그 스테이크 같은 메뉴들 말이다. 이들은 생각 보다 맛이 좋다. 그리고 그레이비(육즙)가 있는 것이 강점. 일본의 음식에는 조미료가 많이 들어간다. 말하자면 다시다나 스톡 같은 것으로 맛을 내는 것. 그들은 그것에 입맛이 길들여져 있는데 그래도 일본의 음식문화는 대중의 입맛에 많이 맞추어 나아가는 것이 장점 아닌가 싶다. 조잡스럽기도 하지만 그들의 창의성은 놀랄 정도로 정교한 맛을 찾아내는 것 같다.

여행에서 빠질 수 없는 것이 음식이고, 음식을 알려면 많은 곳으로 여행을 다녀봐야 한다. 이 두 가지는 꼭 함께 가는 것과 같이, 두 가지를 공유하면 우리의 삶 자체도 그 음식과 여행 안에서 더 많은 것을 얻는 것 같다.

색다른
미식요리에
도전하다

스페셜 미식요리

Chapter

4

조금 낯선 재료들, 살짝 번거로운 조리법이지만
미식을 즐기고픈 분들이라면 한번쯤 도전해볼 만한 메뉴들을 여기에 모았습니다.
다른 나라 메뉴들 중 우리 입맛에 잘 맞는 것들도 골라 소개했지요.
혹시나 어려울까봐 레시피를 보다 자세하게 적었으니
그대로 따라 한다면 결코 어렵지 않을 겁니다.
또한 예상을 뛰어 넘는 맛있는 요리에 놀랄 겁니다.

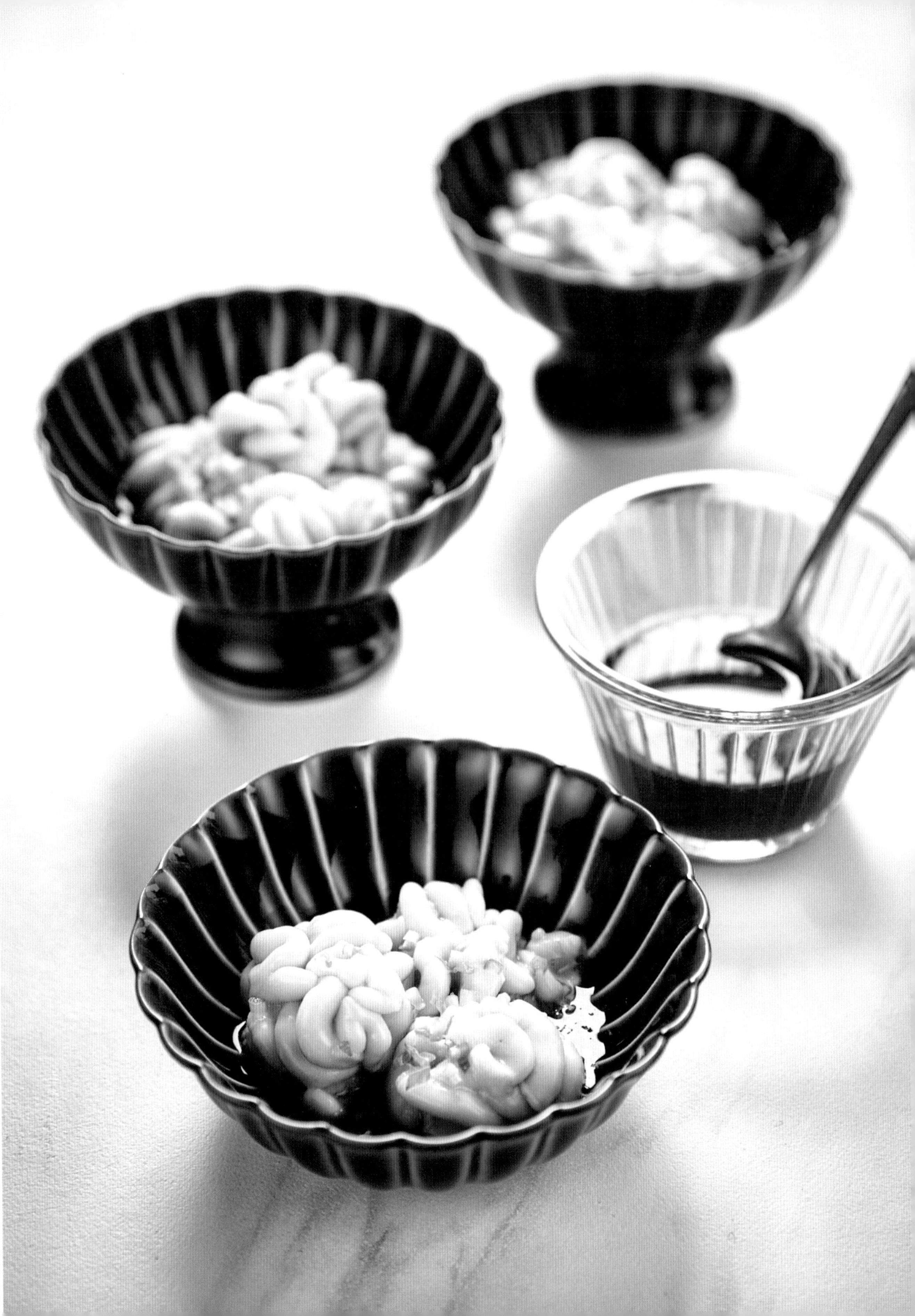

곤이폰즈

늦가을부터 초봄까지 만날 수 있는 대구는 최고의 먹거리.
특히 생 대구에서 나온 생 곤이는 대구에서 맛볼 수 있는
가장 별미 재료 같아요. 살짝 데쳐 폰즈소스를 끼얹어 먹으면
어느 생선에서도 경험하지 못한 맛을 느낄 수 있어요.
생 대구와 생 곤이는 백화점이나 대형마트 식품 코너에서
구입할 수 있는데, 반드시 모양이 뚜렷하면서
뽀얀 우유 빛깔이 나는 싱싱한 것을 고르세요.

재료 2인분 · 시간 10분
• 대구 생 곤이 200g
• 쪽파 1줄기
• 시판 폰즈소스 3큰술

1 끓는 물에 곤이를 넣고 3분간 살짝 데친 후 체에 밭쳐 물기를 뺀다.
2 쪽파는 송송 썬다.
3 그릇에 곤이를 담고 폰즈소스를 뿌린 후 쪽파를 올린다.

Cod fish offal
kimchi soup

대구 곤이 김칫국

모든 재료가 그렇지만 특히 곤이는 신선도에 따라 맛의 차이가 큽니다. 이 메뉴는 신선한 곤이에 잘 익은 김치만 있다면 간단하게 만들 수 있는데, 그 맛은 정말 일품입니다. 김치는 속을 살짝 씻어내 국물 맛을 깔끔하게 했고, 곤이는 먹기 전에 넣어 고소한 향과 살살 녹는 식감을 살렸습니다. 곤이는 오래 끓이면 딱딱해지니 마지막에 넣고 1분간만 살짝 끓이세요.

재료 2인분 • 시간 20분

- 생 대구 곤이 200g
- 익은 배추김치 2컵(줄기 부분, 300g)
- 청양고추 1/2개
- 대파(흰 부분) 2줄기
- 국간장 1큰술

국물

- 다시마 10×10cm
- 물 3컵(600㎖)

1 냄비에 국물 재료를 넣고 중간 불에서 끓어오르면 불을 끄고 다시마를 건진다.

2 배추김치는 속을 털어내고 0.5cm 폭으로 채 썬다. 청양고추는 반으로 길게 썰어 씨를 제거하고, 대파는 송송 썬다.

3 곤이는 먹기 좋은 크기로 썬다.

4 ①의 냄비에 배추김치, 청양고추를 넣고 5분간 끓인다. 청양고추는 건져내고 곤이, 대파를 넣어 1분간 끓인 후 국간장으로 간한다.

Cold greenpea
soup with uni

성게알을 올린
차가운 완두콩수프

입맛 없는 무더운 여름에 특히 추천하고 싶은 냉수프입니다.
완두콩은 보통 밥에 섞거나 샐러드에 활용하는데요,
수프를 만들어도 참 맛있는 것 같아요. 수프가 진하고 텁텁하다면
생크림 양을 늘리거나 플레인 요구르트를 섞어도 됩니다.
취향에 따라 발사믹식초나 발사믹 글레이즈를 뿌려도 잘 어울려요.
고명으로 올라가는 성게알은 대형마트나 백화점에서
구입할 수 있습니다.

재료 2인분 · 시간 30분(+ 차게 식히기 30분)
- 냉동 완두콩 1컵(100g)
- 성게알 60g
- 감자 1/2개
- 대파(흰 부분) 15cm
- 포도씨유 2큰술
- 물 2컵(400㎖)
- 시판 고형 치킨스톡 1/2개
- 생크림 1/4컵(50㎖) + 1큰술
  (또는 떠먹는 플레인 요구르트 1/4컵, 50㎖)

1 감자는 껍질을 벗겨 반달 모양으로 얇게 썰고 대파는 송송 썬다.
2 달군 냄비에 포도씨유를 두른 후 감자, 대파를 넣어 볶는다.
3 감자가 투명해지기 시작하면 물을 붓는다.
  센 불에서 끓어오르면 완두콩, 치킨스톡을 넣고
  중간 불로 줄여 재료가 익을 때까지 10분간 끓인다.
4 핸드블랜더로 곱게 간 후 체에 거른다.
5 냄비에 ④를 붓고 생크림 1/4컵을 넣어 중약 불에서
  한번 더 끓인 후 한 김 식혀 냉장고에 넣어 차게 식힌다.
6 두 개의 그릇에 나누어 담고 생크림과 성게알을 올린다.

Chawanmushi
(Japanese style
steamed egg)

일본식 달걀찜

일식집에서 처음 달걀찜을 접했을 때 어떻게 이렇게 부드러울 수
있는지 궁금했어요. 입안으로 살살 넘어가는 맛도 신기했답니다.
보들보들한 식감의 일본식 달걀찜을 집에서 재현하게 해주는
레시피이니 꼼꼼하게 읽고 따라 하세요. 만드는 법에 익숙해지면
부재료를 다양하게 변형해 즐기세요. 일본식 달걀찜은 아이들
이유식이나 간식, 어른들 영양식으로도 좋습니다.

재료 2인분 · 시간 30분
- 달걀 2개
- 물 3컵(600㎖)
- 가쓰오부시 1컵(5g)
- 닭가슴살 1/2쪽(50g)
- 표고버섯 1개
- 깐 밤 2개
- 껍질 간 은행 4알
- 국간장 1큰술
- 소금 약간

1 냄비에 물을 붓는다. 센 불에서 끓어오르면 가쓰오부시를 넣고
  불을 끈다. 체에 밭쳐 국물을 거른 후 국간장, 소금을 넣어 섞는다.
  ★ 가쓰오부시는 물에 넣고 오래 끓이면 쓴맛이 나므로
  뜨거운 물에 넣고 우리는 것이 좋다.

2 닭가슴살, 표고버섯, 밤은 사방 1cm 크기로 썬다.

3 약한 불로 달군 팬에 닭가슴살, 표고버섯, 밤, 은행을 넣고
  8분간 볶아 그릇에 펼쳐 식힌다.

4 볼에 달걀을 풀고 ①을 넣어 섞은 후 고운 체에 두 번 내린다.
  ★ 달걀물을 고운 체에 여러 번 내려야 부드럽고
  깔끔한 달걀찜을 만들 수 있다.

5 내열 용기에 ④를 2/3 정도 붓고 면포나 뚜껑을 덮은 다음
  김이 오른 찜기에 넣는다. 뚜껑을 덮고 20분간 찐다.
  ③의 고명을 올린다.

전어 초절임

생선을 좋아하는 분들에게 적극 추천하고
싶은 메뉴입니다. 조금 어려울 것 같지만
그대로 따라 하면 전혀 어렵지 않아요.
전어를 살 때는 통통하게 살이 오른
큼지막한 것을 골라 뼈와 살을 분리하는
3장 뜨기를 요청하세요. 완성 메뉴에
차가운 청주 한 잔을 곁들여 안주로 즐겨도
좋고, 밥 위에 올려 초밥을 만들어도 가을에
가장 어울리는 메뉴가 될 겁니다.

재료 2인분 · 시간 40분
(+ 절이기 2시간, 재우기 30분)
- 전어 10마리(600g)
- 레몬 1/2개
- 양파 1/2개
- 대파 20cm
- 딜 1줄기
- 굵은소금 1/2컵
- 식초 8큰술
- 맛술 2큰술

1 전어는 뼈를 제거하고 살은 포를 뜬 후
   굵은소금을 뿌려 2시간 동안 냉장 보관한다.
   ★ 전어에 소금을 뿌려 재워두면 밑간이
   되는 것은 물론, 전어의 살이 단단해진다.

2 레몬은 모양대로 얇게 썬다.
   양파도 링 모양으로 썰고,
   대파는 5cm 길이로 썬 후 반으로 가른다.

3 볼에 식초, 맛술, ②를 넣고 섞는다.

4 소금에 절인 전어를 흐르는 물에 헹궈
   넓은 그릇에 펼쳐 담고 ③을 올린다.
   딜을 손으로 뜯어 올린 후 랩을 씌워 30분간
   냉장 보관한다. ★ 이때 채 썬 건고추를 함께
   넣어도 좋다. 레몬과 각종 향신채에 재워둔
   전어는 비릿한 맛과 향은 사라지고 담백하고
   고소한 맛으로 즐길 수 있다.

5 ④를 먹기 좋은 크기로 썰어 그릇에 담는다.
   ★ 취향에 따라 채 썬 생강을 곁들이면
   더욱 맛있다.

Tip
식사 대용으로 즐기기
고슬고슬하게 지은 밥에 와사비 약간,
전어 초절임을 올려 초밥으로 즐겨도 좋아요.

중국식 치킨수프와 물만두

진하면서도 담백한 국물이라 한겨울에 먹으면 별미입니다.
여름철 복날에도 삼계탕 대신 가볍게 즐기기 좋아요.
꼬들꼬들한 식감이 특징인 홍콩면(에그 누들)을 더하면,
홍콩으로 여행 가면 흔히 먹게 되는 완탕면도 만들 수 있답니다.

재료 2인분 · 시간 20분
- 물만두 10개
- 청·홍고추 각각 1/2개
- 소금 약간(기호에 따라 가감)
- 닭육수 3컵(600㎖, 또는 시판 고형 치킨스톡 1개)

닭육수
- 닭 1마리(700g)
- 양파 1개
- 당근 1/2개
- 셀러리 15cm
- 통후추 약간

1 닭은 흐르는 물에 씻어 껍질을 벗긴다. 청·홍고추는 송송 썬다.

2 닭육수 재료의 양파, 당근은 사방 3cm 크기로 썬다.
셀러리는 3cm 길이로 썬다.

3 냄비에 닭육수 재료와 닭이 잠길 만큼의 물을 붓고 중약 불에서
국물이 1/2 분량이 될 때까지 끓인다. 체에 밭쳐 국물만 거른다.
★ 남은 닭육수는 냉장실에서 2~3일간 보관 가능하다.
★ 닭육수 대신 시판 고형 치킨스톡을 사용할 경우 동량의 물에
치킨스톡을 넣고 치킨스톡이 녹을 때까지 끓인다.
소금으로 간을 맞춘다.

4 다른 냄비에 물(5컵)을 넣고 센 불에서 끓어오르면
물만두를 넣어 포장지에 적힌 시간 만큼 익힌다.

5 그릇에 삶은 물만두를 담고 ③을 붓고 청·홍고추, 소금을 넣는다.

홍콩면, 쇼트 파스타 곁들이기
냄비에 물(3컵)을 넣고 센 불에서 끓어오르면 홍콩면
1팩(50g), 또는 쇼트 파스타 1컵을 넣어 포장지에 적힌 시간
만큼 삶아 곁들이면 더욱 색다르고 든든하게 즐길 수 있어요.

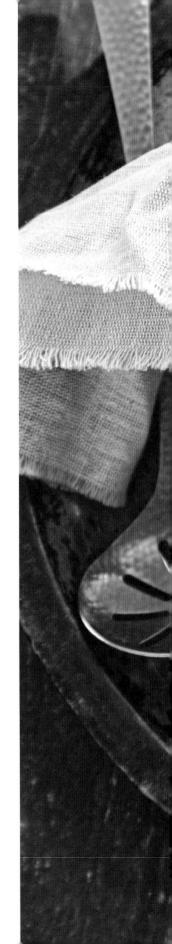

Russian soup

러시안 수프

러시아인들이 즐겨 먹는 고기 채소수프입니다. 러시아는 워낙 추워 도수가 높은 주류를 많이 마시는데요, 음주 후 이 메뉴를 해장용으로 많이 먹는다고 합니다. 파르미지아노 레지아노 간 것이 녹아 내릴 정도로 뜨겁게 데워, 구수한 고기국물과 풍성한 건더기, 고소한 치즈를 함께 즐겨 보세요.

재료 2인분 · 시간 1시간 40분
- 쇠고기(사태) 300g
- 감자 1과 1/2개
- 양파 1개
- 당근 1/2개
- 셀러리 30cm
- 양배추 4장(손바닥 크기, 120g)
- 토마토 2개
- 올리브유 1큰술
- 물 5컵(1ℓ)
- 소금 약간
- 후춧가루 약간
- 파르미지아노 레지아노 간 것
  (또는 파마산 치즈 가루) 3큰술
- 월계수잎 2장

1 쇠고기, 감자, 양파, 당근, 양배추는 사방 2cm 크기로 썬다.
   토마토는 씨를 제거한 후 사방 2cm 크기로 썰고
   셀러리는 1cm 폭으로 어슷 썬다.

2 달군 냄비에 올리브유를 두르고 쇠고기를 넣어 중간 불로 5분간
   볶는다. 물을 넣고 센 불에서 끓어오르면 다시 중간 불로 줄이고
   월계수잎을 넣은 다음 중약 불로 1시간 정도 뭉근하게 끓인다.

3 감자, 양파, 당근, 셀러리, 양배추, 토마토를 넣고
   30분간 끓인 후 월계수잎을 건진다. 소금, 후춧가루를 넣어 간한다.
   ★ 수프는 뭉근하게 오래 끓일수록 채소와 고기가 어우러져
   풍미가 깊어진다.

4 볼에 수프를 담고 뜨거울 때 바로
   파르미지아노 레지아노 간 것을 뿌린다.

새우 군만두 상추쌈

동남아에서는 춘권이나 짜조를 상추에 싸먹습니다.
광주에서도 튀김을 상추에 싸 먹는 맛집이 있어요.
이들의 업그레이드 버전이 바로 이 메뉴입니다.
새우가 들어있는 시판 만두를 기름에 튀기듯 바삭하게 구워
신선한 상추에 싼 후 매콤한 스리라차소스로 톡 쏘는 맛을 곁들이면
완벽한 조화를 이루지요. 스리라차소스가 없다면
시판 스위트 칠리소스에 타바스코를 듬뿍 넣어 활용하세요.
맥주 안주로도 추천합니다.

재료 2인분 · 시간 20분
- 시판 새우만두 16개(300g)
- 상추 16장
- 포도씨유 1큰술
- 스리라차소스 약간

1 중간 불로 달군 팬에 포도씨유를 두르고 새우만두를 넣어
  앞뒤로 노릇하게 15분간 굽는다.
2 상추에 구운 새우만두를 올려 쌈을 싸 먹는다.
  스리라차소스를 곁들인다.

꽃게볶음

봄철 암게는 알이 많아 게장이나 알찜 등을 만들면 좋고, 가을철
수게는 살이 많아 탕, 찜, 볶음 등을 만들면 가장 맛있습니다.
특히 볶음은 가을철 수게를 가장 맛있게 즐기는 방법인 것 같아요.
이 레시피의 포인트는 불 조절을 잘 해서 덜 익은듯 조리하는
것이랍니다. 신선한 꽃게는 살짝만 익혀야 믿을 수 없을 만큼
속살이 부드럽지요.

재료 2인분 · 시간 40분
- 꽃게 4마리(약 800g)
- 청양고추 3개
- 건고추 3개(생략 가능)
- 생강 3톨(마늘 크기)
- 마늘 2쪽
- 대파 20cm 2대
- 감자전분 1/2컵
- 포도씨유 3큰술

1 청양고추와 건고추는 어슷 썰고 생강, 마늘은 편 썬다.
  대파는 3cm 길이로 썬 후 길게 2등분한다.

2 꽃게는 조리용 솔로 이물질을 닦고 게딱지를 분리한 후 입과
  아가미를 떼어낸다. 4등분한 후 감자전분을 얇게 묻힌 후
  털어낸다. ★ 꽃게의 게딱지는 꽃게 딱지찜(84쪽)에 활용한다.

3 센 불로 달군 팬에 포도씨유를 두르고 청양고추, 건고추, 생강,
  마늘을 넣어 향이 날 때까지 1분, 꽃게를 넣어 10분간 볶는다.
  꽃게를 뒤집은 후 중간 불로 줄여 뚜껑을 덮어 10분간 끓인다.
  이 때 중간중간 뒤섞는다.

4 대파를 넣고 한번 더 버무려 완성한다.

방풍나물 이해하기

쌉싸래한 맛과 향의 방풍나물은 입맛을 돋우는
대표 봄나물 중 하나입니다. 된장이나 고추장처럼
진한 양념에 버무려 나물로 먹는 것이 일반적이지만
튀김에 활용하면 색다르게 즐길 수 있어요.

Fried asparagus
and seasonal
vegetable with
traditional
korean herbs

아스파라거스, 방풍, 수삼튀김

조금 번거롭긴 하지만 튀김요리는
가급적 집에서 깨끗한 기름으로 직접
튀겨 먹을 것을 권하고 싶어요.
어떤 재료든 맛있지만, 특히 향과 질감이
좋은 아스파라거스, 방풍나물, 수삼을
별미 튀김 재료로 추천합니다.

재료 2인분 · 시간 20분
• 아스파라거스 4줄기
• 방풍나물 1줌(4~5줄기, 20~30g)
• 수삼 4개
• 포도씨유 4컵(800㎖)
• 소금 약간

튀김 반죽
• 감자전분 1큰술
• 튀김가루 1컵
• 얼음물 1컵(200㎖)

1 아스파라거스는 밑동을 제거하고 껍질은
  필러로 벗긴다. 수삼은 깨끗하게 씻는다.
  굵은 것은 길게 2등분한다.

2 볼에 튀김 반죽 재료를 넣고 섞는다.

3 냄비에 포도씨유를 넣고 센 불에서
  180℃(나무젓가락을 넣었을 때
  기포가 올라오는 정도)로 끓인다.

4 각 재료에 튀김 반죽을 얇게 입힌 후
  ③의 냄비에 넣어 노릇하게 튀긴다.
  뜨거울 때 바로 소금을 뿌린다.
  ★ 튀김 반죽을 얇게 입혀야 바삭하게
  튀겨지고, 튀겨내자마자 소금을 뿌려야
  튀김에 소금이 잘 묻어 간이 맞다.

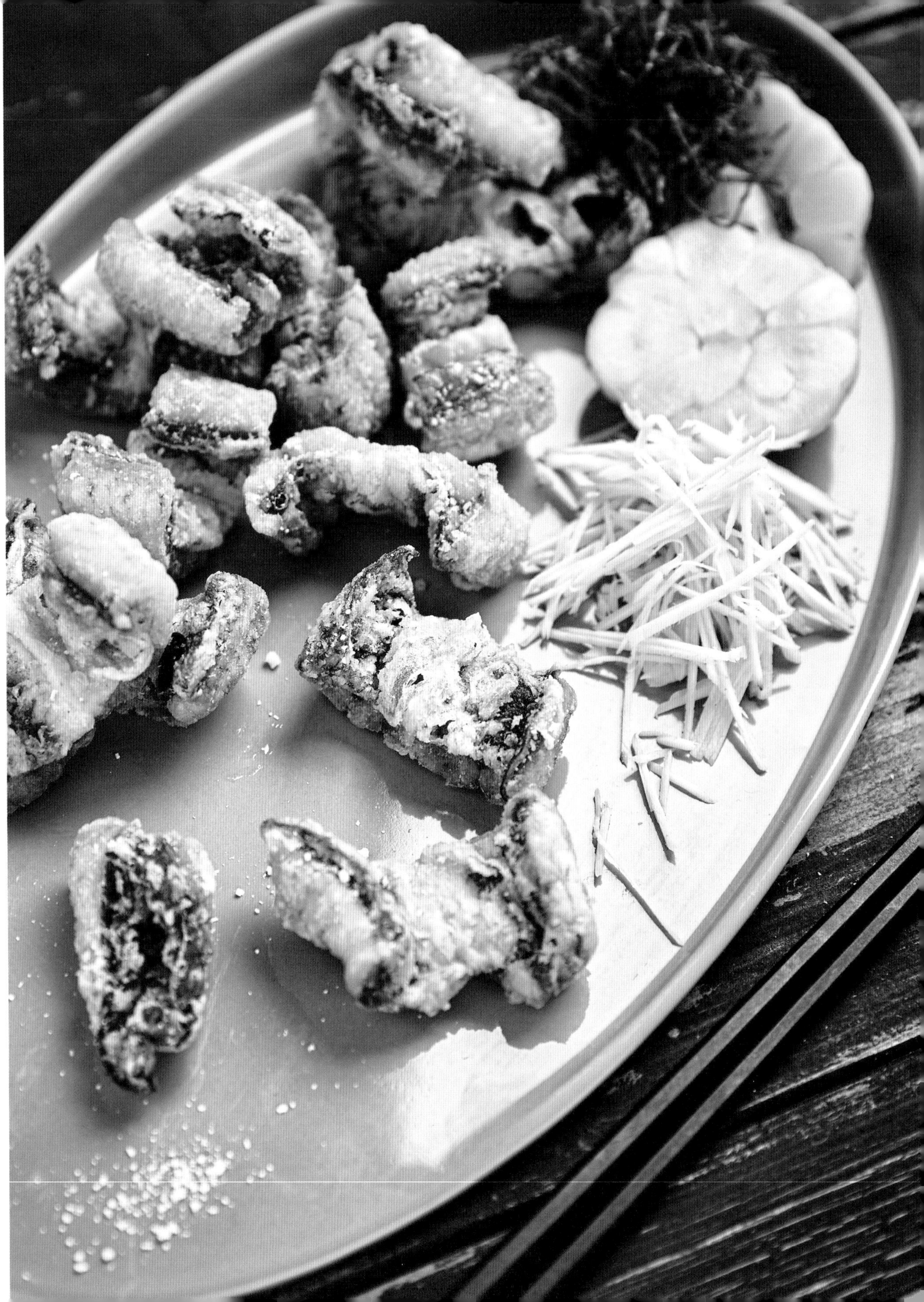

장어튀김

장어는 대표적인 고단백질 보양 식재료입니다.
일반적으로 소금구이나 양념구이로 먹는데요,
조금 색다른 메뉴를 추천하자면 바로 장어튀김입니다.
기름기가 많은 장어를 튀겼는데도 느끼하지 않고
매우 담백해 자꾸만 손이 간답니다.

재료 2인분 · 시간 20분
- 장어 3마리(손질된 것 1kg)
- 감자전분 1/2컵
- 포도씨유 4컵(800㎖)
- 소금 약간

1 장어는 2cm 폭으로 썬다.

2 장어에 감자전분을 골고루 얇게 묻힌다.

3 냄비에 포도씨유를 넣고 센 불에서 180℃(나무 젓가락을
  넣었을 때 기포가 올라오는 정도)로 끓인 후 중간 불로 줄인다.

4 장어를 넣고 노릇해질 때까지 튀긴 후 체로 건져낸다.
  이때 기름은 계속 끓인다.

5 ④의 냄비를 다시 센 불로 올려 180℃로 끓인 후 중간 불로 줄인다.
  튀긴 장어를 넣어 노릇하게 1~2분간 튀긴다.

6 튀긴 장어가 뜨거울 때 바로 소금을 뿌린다.

Tip
더 맛있게 즐기기
곱게 채 썬 생강과 채 썬 깻잎을 곁들이면
더욱 맛있게 즐길 수 있어요.

Fried cod fish
with tartar
sauce

홈메이드 타르타르소스를 곁들인 대구살튀김

큰지막하게 썬 대구살에 거칠게 간 빵가루를 입혀 노릇하게
튀겨내면 겉은 바삭하고 고소하면서도 속은 부드럽고 담백하지요.
생 대구살을 구할 수 없다면 냉동제품이나 다른 흰 살 생선을
사용해도 됩니다. 대구살튀김은 홈메이드 타르타르소스와
찰떡궁합인데요. 맛있어서 듬뿍 찍어 먹게 되니. 소스는 넉넉하게
만드세요. 가늘게 채 썬 양배추에 우스터소스를 뿌려 대구살튀김에
곁들여도 잘 어울린답니다.

재료 2인분 · 시간 30분
- 생 대구살(또는 냉동 대구살. 흰 살 생선) 500g
- 튀김가루 1컵
- 달걀 1개
- 식빵 5장(또는 시판 빵가루 3컵)
- 포도씨유 4컵(800mℓ)

타르타르소스
- 마요네즈 1/2컵
- 레몬즙 1/2큰술
- 양파즙 1/2큰술
- 다진 오이피클 1큰술
- 다진 이탈리안 파슬리 1큰술
- 설탕 약간

1 볼에 타르타르소스 재료를 넣고 섞어 냉장실에 넣어둔다.
  대구살은 한입 크기로 썬다. 볼에 달걀을 넣어 푼다.
  ★ 냉동 대구살을 구입했을 때는 소금물에 담가 해동한 후 사용한다.

2 식빵은 가장자리를 잘라내고 강판이나 굵은 체에 거칠게 갈아
  빵가루를 만든다. ★ 식빵은 실온에 하루 동안 두어 어느 정도
  말라있는 상태이거나 냉동실에 보관해 얼린 상태여야 잘 갈린다.

3 대구살을 튀김가루, 달걀물, 빵가루 순으로 묻힌다.
  ★ 튀김가루는 최대한 얇게 입히고, 빵가루는 꾹꾹 눌러 묻혀야
  겉은 바삭하고 속은 촉촉하다.

4 냄비에 포도씨유를 넣고 센 불에서 180℃(나무젓가락을
  넣었을 때 기포가 올라오는 정도)로 끓인 후 중간 불로 줄인다.
  ③을 넣고 노릇해질 때까지 튀겨 체로 건진다.
  이때 기름은 계속 끓여 온도를 유지한다.

5 냄비를 다시 센 불로 달궈 180℃가 되면 중간 불로 줄인 후 튀긴 대구를
  넣고 다시 한번 노릇하게 튀긴다. 타르타르소스를 곁들인다.

Tip

홈메이드 빵가루 만들기
시판 빵가루를 이용해도 좋지만 식빵을 거칠게
갈아 사용하면 훨씬 맛있어요. 빵가루를 입힐
때는 꾹꾹 눌러가며 두껍게 입혀야 겉은
바삭하고 속은 촉촉한 튀김을 만들 수 있답니다.

Cordon bleu

코르동블루

프랑스나 스위스로 여행을 가면 흔히 만나게 되는 대표요리입니다.
고기로 치즈를 감싸 굽거나 튀겨 만드는데, 이 레시피에서는 고소한
치즈와 햄을 담백한 닭가슴살로 말아 빵가루를 입혀 노릇하게 구워
만들었어요. 한 끼 식사로도 좋고 아이들 간식으로도 제격입니다.

재료 2인분 · 시간 30분
- 닭가슴살 2쪽(200g)
- 슬라이스 햄 2장(24g)
- 슬라이스 체다 치즈 2장(40g)
- 달걀 1개
- 밀가루 4큰술
- 빵가루 1컵
- 포도씨유 1/2컵(100㎖)

1 닭가슴살은 칼을 비스듬히 눕혀 끝 부분만 붙인 채 반으로 저민 후 펼친다.

2 저며 펼친 닭가슴살을 칼등 또는 조리용 망치로 두드려가며 넓게 편다.

3 닭가슴살에 슬라이스 햄, 슬라이스 체다 치즈를 올린 후 닭가슴살을
  반으로 접는다. ✱ 치즈와 햄이 빠져나오지 않도록 닭가슴살을 최대한 넓게
  펼치고 튀김옷을 입힐 때도 조심스럽게 다룬다.

4 볼에 달걀을 넣고 푼다.
  ②에 밀가루, 달걀물, 빵가루 순으로 튀김 옷을 입힌다.

5 팬에 포도씨유를 넣고 2분간 가열한 후 ③을 넣어 중간 불에서
  노릇해질 때까지 앞뒤로 뒤집어가며 튀기듯 굽는다.

Fillet mignon with
roasted garlic and
cherry tomato

구운 마늘과 토마토를 곁들인
숙성 안심 스테이크

안심 스테이크는 굽는 방법 보다 숙성하는 과정이 더욱 중요해요.
요즘은 에이징 스테이크 레스토랑이 많이 생겨 숙성 스테이크가
낯설지 않을텐데요, 집에서는 질 좋은 고기를 사서 깨끗한 면포만
부지런히 갈아주며 숙성시키면 됩니다. 잘 숙성시킨 고기는
어떻게 먹어도 맛있는데요, 로즈메리로 향을 더하고 구운 마늘과
방울토마토를 곁들이면 아주 잘 어울립니다.

재료 2인분 · 시간 30분(+ 숙성시키기 5일)
- 쇠고기 안심 5cm 두께, 1토막(약 600g)
- 방울토마토 10개
- 로즈메리잎(또는 타임) 1줄기
- 마늘 10쪽
- 올리브유 3큰술 + 2큰술
- 소금 약간
- 통후추 간 것 약간
- 코냑 약간
- 홀스레디시 약간
- 연겨자(또는 디종 머스터드) 약간

1 쇠고기 안심은 면포에 감싸 위생팩에 넣어 냉장실에 넣는다.

2 하루에 한번씩 새 면포로 갈아가며 5일간 숙성시킨다.
  ★ 면포를 갈아가며 핏물을 충분히 빼면서 5일간 숙성시킨다.
  5일 후에는 핏물이 거의 묻어나지 않는다.

3 5일간 숙성한 안심에 소금, 통후추 간 것을 앞뒤로 뿌린 후,
  올리브유 3큰술을 골고루 바른다. 방울토마토는 꼭지를 뗀다.

4 센 불로 뜨겁게 달군 팬에 안심을 올린 후 중간 불로 줄여
  로즈메리잎 1/2 분량을 넣고 뚜껑을 덮는다.

5 표면이 황금빛 갈색을 띠도록 5분간 구운 후 뒤집어 반대쪽도
  동일하게 굽는다. 옆면도 돌려가며 노릇하게 굽는다.
  코냑을 넣고 프라이팬에 불꽃이 일도록 해 플람베★한 후 덜어둔다.
  ★ 플람베 : 188쪽 참고

6 다시 팬에 올리브유 2큰술, 마늘, 남은 로즈메리잎을 넣어
  굴려가며 익히다가 노릇하게 익으면 방울토마토를 넣고
  1분 더 익힌다. 소금, 통후추 간 것을 뿌린다.

7 그릇에 스테이크와 ⑥을 담고 홀스레디시와 연겨자를 곁들인다.
  통후추 간 것과 로즈메리잎을 뿌리면 더욱 풍미가 좋다.

Tip
풍미 높이기
숙성시킨 쇠고기 안심은 소금, 통후추 간 것으로
밑간하고 올리브유를 넉넉하게 발라야 풍미가
좋아요.

Pepper cream
steake

페퍼 크림 스테이크

생각 보다 훨씬 많은 후추를 사용해야 제맛을 낼 수 있어요.
너무 강하지 않을까 싶겠지만 부담스럽지 않고 맛있답니다.
얇은 두께의 스테이크를 센 불에서 재빨리 구운 후 후추,
그랑 마니에르, 생크림 등을 더해 그랑 마니에르 크림소스를
완성하세요. 소스에서 그랑 마니에르 특유의 오렌지 향이
은은하게 나서 고급스러운 느낌이 난답니다.

재료 2인분 · 시간 20분

- 쇠고기 안심(또는 채끝살) 1.5cm 두께, 2토막(약 400g)
- 굵은소금 약간
- 통후추 간 것 1/2컵
- 올리브유 1/4컵(50㎖)
- 그랑 마니에르(또는 꼬냑) 3큰술
- 생크림 1/4컵(50㎖)

1 쇠고기 안심은 굵은소금과 통후추 간 것 1/2 분량을
  앞뒤로 뿌려 밑간한다.
  ＊ 꽤 많은 양의 후추가 들어가야 맛있게 즐길 수 있다.

2 달군 팬에 올리브유를 두르고 안심을 넣어
  센 불에서 앞뒤로 튀기듯 3분간 굽는다.

3 겉면이 살짝 익으면 남은 통후추 간 것,
  그랑 마니에르를 넣고 프라이팬에 불꽃이 일도록 해 플람베＊한다.

4 ③에 생크림을 넣어 중간 불에서 끓어오르면 불을 끈다.
  취향에 따라 구운 마늘이나 브로콜리 등의 채소를 곁들인다.
  ＊ 스테이크의 소스를 별도로 만들지 않고
  쇠고기를 구우면서 나온 육즙에 생크림을 넣어 조리한다.

Tip 플람베

플람베(Flame)는 주로 고기나 생선의 누린내나 잡내 제거와
채소의 풋내를 날릴 때 사용하는 방법입니다. 알코올이 날아가면서
불꽃이 일어나 시각적인 효과도 좋지요. 꼬냑, 브렌디, 와인 등
향이 진한 주류를 사용해 재료에 풍미를 더하기도 해요.

Essay 4
by 엄마 송영미

맛있는 여행
Korea 생선, 재래시장,
그리고 통영

가장 매력 있는 것은
멸치무침. 통영에서 나는
아주 여린 실파 흰 부분과
마른 잔멸치를 볶지 않고
갖은 양념으로 무친다.

★ 만성복집
Ⓐ 경남 통영시 새터길 12-13
Ⓣ (055) 645-2140

담백한 나물부터 계절마다 달리 나오는
회무침까지 열 가지가 넘는 만성복집의
무짐한 밑반찬.

2002년쯤, 어머니는 바다낚시를 좋아한다는 이유만으로 통영에 연고 하나 없이 내려가셨다. 그저 그렇게 통영을, 바다를, 낚시를 좋아하셨다. 통영이라는 곳의 모든 것이 새롭고 신선해 보이셨나 보다. 하루 만에 반하셨는지 바다낚시나 재래시장의 생선이 너무 좋은데 맛있는 중국집이 없다고 하시며 '중국요리 이선생'이라는 중식당을 차리셨다. 자연스럽게 나도 통영을 오가며 그 도시의 매력을 천천히 알게 되었다.

통영에서 제일 매력적인 곳은 중앙시장과 서호시장이다. 새벽녘에 서호시장에 가면 늘 먼저 가는 곳은 졸복국을 파는 만성복집*. 일단 성게 철인 초여름에는 먼저 시장 안을 둘러본다. 할머니 몇 분만 성게알을 파신다. 판매하는 성게알이 많은 양은 아니다. 그날 들어온 만큼만 팔기 때문에 이른 아침 아니면 맛을 볼 수 없다. 10,000~15,000원을 건네고 살이 통통하게 오른 성게알을 한 봉지 받아 바로 만성복집으로 간다. 졸복국으로 해장하면서 흰 밥에 성게알을 듬뿍 올려 먹는다. 만성복집의 밑반찬도 좋아한다. 담백한 나물도, 초고추장을 곁들여 나오는 회도 계절마다 달리 나온다. 간간이 밤 젓(전어 속젓)을 얻어 먹기도 한다. 가장 매력 있는 것은 멸치 무침. 통영에서 나는 아주 여린 실파의 흰 부분과 마른 잔멸치를 볶지 않고 갖은 양념으로 무친다. 생 멸치무침도 좋다. 이탈리아 안초비 같은 느낌이라고 할까? 아무튼 생일상을 받는 것처럼 기분이 좋아지는 집이다.

아침을 먹고 나오면서 돌홍합을 사들고 온다. 돌홍합은 껍데기가 두꺼워 산 곳에서 손질해 달라고 해야 한다. 그 홍합으로 죽을 끓이면 바다 향뿐만 아니라 오묘한 홍합의 냄새, 간간이 씹히는 홍합살의 조합이 기막히다. 가장 히트 요리는 봄 도다리 탕수어. 주문도 어렵고 아침 장에 나와 있어야 구할 수 있는데, 꼭 손바닥만한 도다리라야 살도 보드랍고 뼈도 통째로 먹을 수 있다.

장어는 주로 구이로 즐기지만, 통영에서는 탕으로 끓여내기도 한다. 장어를 통째로 넣고 시래기국 같이 끓이는데 느끼하지 않고 맛있다. 제철 대구도 다양한 메뉴로 즐기다가 1월이 지나면 말리기 시작한다. 해풍으로 얼었다 녹았다를 반복하며 반건조 된 대구로 찜을 해 먹거나 그 자체로 잘라 먹으면 절로 정종이 떠오른다.

통영에서 가장 매력적인 것은 비싼 생선이 아니라 잡어다. 가늘게 썰어서 쌈 싸먹기 좋다. 이른 봄부터 나오는 딱돔도 구이로 좋다. 껍질이 질기고 뼈도 두꺼워 작은 크기의 것을 구입해 천일염만 뿌려 굽는다. 기름이 흐르는 금테구이도, 아직도 연탄불에 볼락을 구워 주는 집도 있고 볼락으로 김장을 해서 맛을 보이는 식당도 있다.

통영에서 매력적인 것은 비싼 생선이 아니라 잡어다. 가늘게 채 썰어서 상추에 싸서 먹는 잡어들은 이 생선시장에서 느낄 수 있는 유일한 즐거움이다.

나는 통영에서 서울로 올 때마다 꼭 통영 실파, 노란 배추, 껍질이 붙은 돼지고기를 사 오곤 했다. 돼지고기? 의아할 수도 있지만 통영에서는 주로 단백질 풍부한 생선을 즐기므로 돼지고기로 지방을 채운다. 해안 도시지만 부산과 함께 돼지국밥으로도 유명하다. 통영 돼지고기는 껍질이 있는 것이 맛있으니 참고하시길.

통영은 배추가 달고 맛있다. 굴 껍데기를 밭에 뿌려 키워서 그런지 배추의 속이 더 노랗다. 속이 꽉 찬 것이 아니라 잎이 퍼져 있으며 속이 비어 있지만 배추 맛은 고소하고 부드럽다. 봄동 같다고 할까? 알배기 배추는 겉잎은 많지 않지만, 속은 노랗다. 이 노란 배추 속잎으로 백김치와 보쌈김치를 담그면 색도 예쁘고 담백하고 고소한 맛도 좋지만 아삭한 식감 자체가 다르다.

뭐니 뭐니 해도 통영에서 제일 유명한 것은 굴. 할머니들이 까주는 굴을 입 속으로 넣을 때면 그 통통하고 신선한 맛과 향에 이루 말을 할 수 없을 정도로 행복하다. 굴은 강판에 간 무를 뿌려가며 손으로 살살 만지며 씻으면 그 안에 찌꺼기와 함께 굴의 독특한 향도 잡고 맛도 더 살아난다.

이 글을 쓰면서 오랫동안 잊고 산 통영이 새록새록 떠올랐다. 어머니가 떠나신 후로 통영은 먼 곳이 되어 버렸기에…. 올해 겨울에는 꼭 다시 가보고 싶다. 어머니가 좋아하셨던 복집, 매일 이용하셨던 산책로와 매일봉, 서호시장을 거닐면서 장 보러 다니시던 모습이 아직도 눈에 선하다.

통영에서 가장 매력적인 곳은 새벽녘의 중앙시장과 서호시장.

마지막까지
미식을
즐기다

심플한 미식 디저트

Chapter

5

마지막 코스인 디저트는 식사를 기분 좋게 마무리 짓게 해줍니다.
하지만 여러 가지 음식을 함께 준비할 때 디저트까지 만들려면
부담이 되기도 하지요. 복잡한 디저트 보다 제철 과일을 활용한
심플하면서도 색다른 디저트를 준비해 보세요.
여기에 따뜻한 차나 커피 또는 식후주(酒)까지 겸비한다면
이보다 더 완벽할 수는 없겠지요.

Ricotta cheese,
chestnut,
pear, yuja syrup

밤, 배, 유자청을 곁들인
리코타 치즈

어른들이 특히 좋아하는 디저트 중 하나입니다.
리코타 치즈는 맛이 강하지 않으면서 고소함이 은은하게 느껴지는
아주 부드러운 치즈로, 얇게 채 썬 밤과 깍뚝 썬 배를 곁들이면
고급스러운 디저트가 완성됩니다.

재료 2인분 · 시간 10분
- 리코타 치즈 60g
- 배 1/3개
- 깐 밤 4개
- 소금 약간
- 유자청(또는 꿀) 2큰술

1 배는 껍질과 씨를 제거한 후 사방 1cm 크기로 썰어
   냉장실에 넣어 둔다.

2 밤은 굵게 채 썬다.

3 그릇에 배를 깔고 소금을 살짝 뿌린 후 리코타 치즈 →
   유자청 → 밤 순서로 올린다.

홈메이드 리코타 치즈 만들기
리코타 치즈는 구입해도 되지만 만드는
방법이 간단하니 미리 만들어두면 좋지요.
냄비에 우유 2컵, 생크림 1컵을 섞은 후
소금을 약간 더해요. 센 불에서 가장자리가
끓기 시작하면 10초간 끓이다가 불을 끄세요.
레몬즙(1큰술)을 넣고 살살 섞어 실온에
5분간 두었다가 순두부처럼 엉기기 시작하면
면포를 깐 체에 받쳐 물기를 뺍니다.
3~4일간 냉장 보관이 가능해요.

Tip 더 맛있게 만들기
(위 사진) 딸기는 포크로 거칠게
으깨야 씹는 식감이 살아 있어요.
(아래 사진) 민트는 딸기와 궁합이
가장 잘 맞는 허브 중 하나로 굵게 다져
넣으면 향이 더욱 짙어집니다.

민트를 넣어
살짝 얼린 딸기

딸기는 디저트에 다양하게 활용하기
좋은 과일인데요, 특히 민트와 궁합이
잘 맞아요. 달콤한 딸기에 레몬즙으로
새콤한 맛을, 민트로 산뜻한 향을 더해 살짝
얼려 그대로 내도 되고, 아이스크림과 함께
내도 좋아요. 남녀노소 인기 만점 디저트가
됩니다. 생 딸기를 쓰면 가장 좋지만
냉동 딸기를 활용해도 좋아요.

재료 2인분 · 시간 10분(+ 얼리기 30분)
- 딸기 20개(또는 냉동 딸기 2컵)
  * 라즈베리나 블루베리 등
  다양한 베리류로 응용해도 좋다.
- 민트잎 5장
- 설탕 3큰술
- 레몬즙 2큰술
- 레몬제스트 2큰술
  * 레몬제스트 만들기 42쪽 참고

1 딸기는 꼭지를 제거한 후 큰 볼에 넣어
  포크로 으깬다.

2 민트잎은 굵게 다진다.

3 ①의 볼에 모든 재료를 넣어 섞은 후
  냉동실에 30분간 넣고 살짝 얼린다.

4 두 개의 그릇에 ③을 나누어 담는다.

무화과와 치즈, 꿀, 피스타치오

여름에서 가을로 넘어가는 계절에
꼭 즐겨야 하는 과일 중 하나가 바로
무화과입니다. 그냥 먹어도 맛있지만
무화과를 예쁘게 썰어 담아 부드러운
리코타 치즈와 달콤한 꿀을 뿌리고,
씹을수록 고소한 피스타치오를 더하면
최고의 맛을 느낄 수 있답니다.

재료 2인분 · 시간 10분
- 무화과 4개
- 리코타 치즈 60g
  ★ 홈메이드 리코타 치즈 만들기 195쪽
- 꿀 2큰술
- 피스타치오 10개

1 피스타치오는 굵게 다지고
무화과는 세로로 4등분하거나 열십(+)자로
칼집을 넣는다.

2 그릇에 무화과를 담고 리코타 치즈, 꿀,
피스타치오를 올린다. ★ 칼집을 넣은
무화과에는 리코타 치즈, 피스타치오를
채우고 꿀을 뿌린다.

Grandmanier
orange crepe

그랑 마니에르 오렌지 크레페

묽은 반죽의 크레페를 얇게 부치는 것이 이 디저트의 포인트입니다.
오렌지 과육이 살아있는 소스를 보드라운 크레페에 듬뿍 올려
먹으면 프랑스 파리의 카페에 온 듯한 느낌까지 든답니다.
이 메뉴에는 오렌지 향이 나는 '그랑 마니에르'라는 술을 써야
제맛인데요, 알코올 도수가 높고 향이 매력적이라 음식에 쓰기
좋으니 한 병쯤 구입해두면 다양하게 활용할 수 있어요.

재료 2인분(4장분) · 시간 40분
• 버터 약간

크레페 반죽
• 달걀 3개
• 실온에 둔 버터 2큰술 + 약간
• 설탕 6과 1/2큰술
• 생크림 3/4컵(150㎖)
• 우유 1과 7/8컵(375㎖)
• 그랑 마니에르(또는 과일향 소주) 1큰술
• 밀가루 1과 1/4컵(중력분 또는 박력분)

그랑 마니에르소스
• 그랑 마니에르(또는 과일향 소주, 크왕트로) 4큰술
• 오렌지 2개
• 설탕 1큰술
• 버터 3큰술

1 볼에 달걀을 넣어 풀고 나머지 크레페 반죽 재료를
  나열한 순서대로 넣어 거품기로 섞는다.

2 ①을 체에 한번 내린다.

3 그랑 마니에르소스 재료의 오렌지 1개는 즙을 짜고,
  나머지 1개는 과육만 발라낸다.

4 중간 불로 달군 팬에 소스 재료의 설탕을 넣고 끓여 갈색으로
  변하기 시작하면 ③의 오렌지 과즙과 그랑 마니에르를 넣는다.
  약한 불로 줄여 10분, 오렌지 과육과 버터를 넣고 5분간 조린다.

5 팬을 닦고 버터 약간을 얇게 바른 후 약한 불로 달군다.
  ②의 반죽을 한 국자(약 1/4 분량) 떠 넣고 지름 20cm가 되도록
  국자 바닥으로 둥글게 돌려가며 얇게 편다. 앞뒤로 노릇하게 구워
  크레페를 만든 후 그릇에 덜어 둔다. 같은 방법으로 3장 더 부친다.

6 식힌 크레페를 두 번 접어 그릇에 담고 그랑 마니에르소스를
  듬뿍 뿌린다. ★ 취향에 따라 마지막에 그랑 마니에르를 살짝 뿌려
  풍미를 더하거나 레몬제스트, 딜이나 타임 등의 허브를 올려도 좋다.

Tip
더 맛있게 만들기
위 사진처럼 크레페는 반죽을 얇고 노릇하게
부쳐야 맛있어요. 아래 사진처럼 오렌지는
겉껍질을 벗긴 후 속껍질 사이사이에 칼집을
넣어 과육만 발라내서 쓰세요.

Biscuit with
berry sauce &
vanilla ice cream

베리소스를 곁들인
비스킷과 바닐라 아이스크림

베리를 설탕에 조려 냉장고에 넉넉하게 보관해두면 1분만에
이 디저트를 만들 수 있어요. 통밀 비스킷에 바닐라 아이스크림
한 큰술을 올리고 미리 만들어둔 베리소스를 듬뿍 끼얹으면
완성이에요. 아이들이 정말 좋아하는 디저트랍니다.
큐브형 바닐라 아이스크림을 사용하면 더 간편해요.

재료 2인분(6개분) · 시간 30분
- 냉동 라즈베리 2컵(또는 산딸기, 200g)
- 설탕 1/2컵
- 통밀 비스킷 6개
- 바닐라 아이스크림 6큰술

1 냄비에 냉동 라즈베리와 설탕을 넣고 약한 불에서 20분간 조린다.
2 ①을 주걱으로 살살 으깬다.
3 통밀 비스킷 위에 바닐라 아이스크림 1큰술을 올리고
   ②를 듬뿍 올린다. 취향에 따라 레몬제스트를 곁들인다.
   ★ 남은 베리소스는 냉장실에 보관한다. 베리소스는
   넉넉하게 만들어두면 한 달 간 냉장 보관이 가능하다.

Tip
풍미 더욱 좋게 만들기
레몬제스트(만들기 42쪽 참고)와 바질 등의
허브를 곁들이면 비주얼도 예쁘고
풍미도 고급스러워요.

심플한 미사 디저트

사과 버터조림

버터에 사과와 설탕을 넣고 캐러멜화
될 때까지 조린 메뉴입니다. 그냥 먹어도
맛있지만, 바닐라 아이스크림을 곁들이면
정말 잘 어울려요. 버터의 향이 밴 따뜻한
사과에 바닐라 아이스크림이 사르르
녹아내리면, 호텔에서 먹는 고급 디저트,
애플 코블러(과일 위에 두꺼운 비스킷
반죽을 올려서 구워 뜨겁게 먹는 디저트)
같은 느낌이 든답니다.

재료 2인분 · 시간 50분
- 사과 1개
- 설탕 3큰술
- 버터 2큰술

1 사과는 썰거나 껍질을 벗기지 않고
　속의 씨 부분만 파낸다.

2 냄비에 모든 재료를 넣고 뚜껑을 덮어
　가장 약한 불에서 끓어오르면 중간중간
　시럽을 끼얹어가며 40분간 조린다.

Tip **사과 조릴 때 주의하기**
버터와 설탕 모두 타기 쉽기 때문에
약한 불에서 천천히 조려야 타지 않고 사과를
부드럽게 익힐 수 있어요.

바나나
카스텔라 푸딩

시원하면서 부드럽고 달콤하게 즐길 수
있는 초간단 디저트. 카스텔라와 바나나를
먹기 좋게 썰어 유리컵에 켜켜이 담아
1~2시간 정도만 냉동한 후 우유를 부어
바나나가 녹기 시작했을 때 숟가락으로
떠먹으면 됩니다. 얼린 바나나는
아이스크림 같은 식감을 내고 우유를
가득 머금은 카스텔라는 입안에서 시원하게
녹아내려요.

재료 2인분 · 시간 10분(+ 얼리기 1시간)
• 바나나 1개
• 시판 카스텔라 1/2개(작은 것. 80g)
• 우유 1컵(200㎖)

1 바나나는 껍질을 벗기고 1cm 두께로 썬다.

2 카스텔라는 1cm 두께로 썬다.

3 냉동 가능한 용기에 바나나와 카스텔라를
　켜켜이 쌓고 냉동실에 1시간 정도 넣어둔다.

4 먹기 직전에 우유를 부어 먹는다.

Tip

배 조리기, 남은 건포도 보관하기
(위 사진) 배는 아삭한 식감이
부드러워질 때까지 뭉근하게 조려야 해요.
(아래 사진) 건포도는 넉넉하게 불려
밀폐 유리용기 담아 냉장고에 넣어두면
6개월간 보관할 수 있어요.

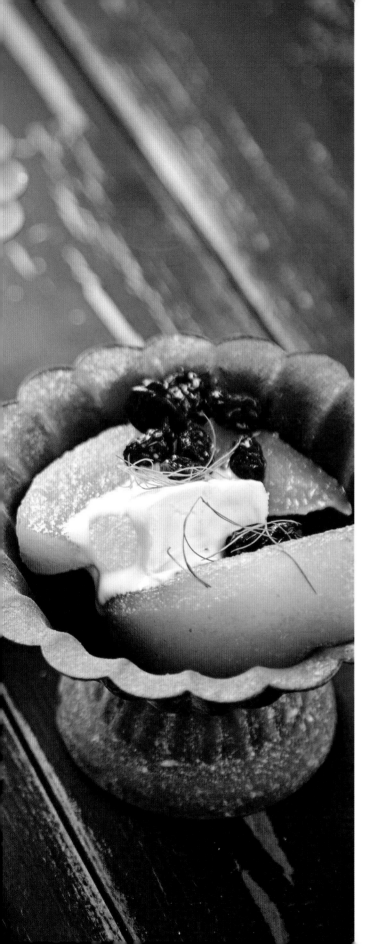

꿀에 조린 배와 코냑에 절인 건포도, 바닐라 아이스크림

꿀에 푹 조린 배에 코냑에 통통하게 불린 건포도를 올린 후 바닐라 아이스크림을 곁들여 보세요. 씹을 때마다 건포도가 톡톡 터지면서 코냑의 향이 입안에 퍼지는 것이 일품이에요. 강한 향의 코냑 건포도, 달콤한 배, 아이스크림이 어우러져 환상의 맛을 낸답니다.

재료 2~3인분 · 시간 60분
- 배 1개
- 꿀 3큰술
- 버터 1큰술
- 건포도 3큰술(또는 말린 대추 10알)
- 코냑(칼바도스) 1/2컵
- 바닐라 아이스크림 2스쿱
- 장식용 딜 약간(생략 가능)

1 배는 6등분한 후 껍질과 씨를 제거한다.

2 냄비에 배, 꿀, 버터를 넣고 뚜껑을 덮는다. 배가 무르게 푹 익고 국물이 걸쭉한 농도가 될 때까지 가장 약한 불에서 40분간 조린다.

3 볼에 건포도, 코냑을 넣고 10분간 둔다.

4 그릇에 조린 배, 바닐라 아이스크림 순으로 넣고 코냑에 불린 건포도, 딜을 올린다.

Pureed persimmon
with diced apple,
pear, lemon zest

으깬 홍시와
배, 사과, 레몬제스트

가을부터 겨울에 난 홍시를 냉동실에 넉넉하게 얼려두면,
사시사철 이 디저트를 준비할 수 있어요. 잘 익은 홍시는
그냥 수저로 푹푹 떠먹기만 해도 맛있지만, 배와 사과를 더해
식감을 살리고 레몬으로 상큼한 향을 곁들이면 아주 색다르답니다.
여기에 허브까지 곁들이면 과일의 풍미가 더욱 잘 살아나요.

재료 2인분 · 시간 15분
- 홍시 2개
- 배 1/4개
- 사과 1/4개
- 레몬제스트 1큰술
  ★ 레몬제스트 만들기 42쪽 참고

1   홍시를 2등분해 과육을 숟가락으로 떠낸 후 볼에 담아 으깬다.

2   배, 사과는 껍질과 씨를 제거한 후 사방 0.5cm 크기로 다진다.

3   그릇에 으깬 홍시 → 배, 사과 → 레몬제스트 순서로 넣는다.
    ★ 타임 등의 허브로 장식해도 좋다.

홍시 으깨기
포크나 감자 으깨는 도구(감자 매쉬)를 활용하면
훨씬 더 쉽게 으깰 수 있어요.

Sparkling wine
with crushed strawberry

으깬 딸기를 넣은
스파클링와인

파티에 식전주로 준비해도 좋고
디저트로 내도 잘 어울리는 메뉴입니다.
예쁜 비주얼에 기분이 좋아지고,
상큼한 맛에 또 한번 기분이 좋아지는
딸기 스파클링와인이에요. 데이트나
기분 전환 음료로도 추천하고 싶어요.

재료 2인분 · 시간 10분
• 딸기 10개(또는 다른 베리류 1/2컵)
• 스파클링와인 1병(또는 샴페인 750㎖)

1 딸기는 꼭지를 뗀 후 볼에 넣어 포크로
으깨거나 믹서에 넣어 살짝 간다.

2 샴페인 잔에 으깬 딸기를 넣고
차가운 스파클링와인을 붓는다.

Course

함께 내면 더욱 빛난다 ; 상황별 8가지 추천 코스(4인분 기준)

일반 가정에서 코스로 식사하는 경우는 흔치 않지요.

하지만 특별한 날, 또는 손님을 초대했을 때 코스 요리를 접대하면

기분 좋은 선물이 된답니다. 코스 요리라고 해서 한 장르에

국한될 필요는 없어요. 애피타이저부터 메인, 디저트까지.

흐름만 맞는다면 중식, 일식, 한식, 양식이 섞여도 전혀 문제가 없습니다.

딱딱한 코스 요리를 먹는 것이 아니라 친구, 연인,

가족들과 대화 속에 함께 요리하면서 즐기는 코스 요리는

더욱 즐겁고 맛있게 느껴지겠죠?

미식요리에 처음 도전하는 분들을 위한
초보 코스 1

Appetizer
시저샐러드
040p

Dish 1
닭다릿살 케첩
스테이크 094p

Dish 2
레몬밥
138p

Dessert
민트를 넣어
살짝 얼린 딸기
196p

저렴한 가격으로 푸짐하게 먹을 수 있는 요리 코스. 또한 요리 초보자에게도 도전해 볼만한 쉬운 메뉴들로 구성했어요.
메인 요리는 남녀노소 누구나 좋아할만한 닭 요리! 노릇하게 잘 구운 닭다릿살에 가볍게 섞어낸 소스만 부어 조려내면
깜짝 놀랄만큼 맛있는 요리가 완성돼요. 차갑게 칠링한 맥주를 곁들이기 딱 좋아요. 밋밋한 흰 쌀밥보다는 상큼한
레몬밥을 곁들이면 기분 좋은 포만감을 느낄 수 있지요. 디저트 역시 상큼하게 마무리할 수 있는 메뉴를 추천합니다.
민트를 넣어 살짝 얼린 딸기가 제격이죠. 한여름에는 살얼음을 얼려 셔벗처럼 즐겨도 좋고 다른 계절에는 냉장실에 넣어
차게 떠먹어도 좋아요. 계절 과일인 딸기를 구하기 힘들다면 냉동 블루베리나 라즈베리로 대체하세요.

Shopping List : 닭다릿살 1팩(5~6쪽, 500g), 따뜻한 밥 2공기, 로메인 2통(또는 양상추 1/2통), 이탈리안 파슬리 4줄기, 레몬 6개(또는 레몬제스트 6큰술), 달걀노른자 1개분, 딸기 20개, 민트잎 5장, 통조림 닭가슴살 1캔(150g), 안초비 2~6마리, 파르미지아노 레지아노 간 것(또는 파마산 치즈 가루) 1/4컵 + 1큰술 + 1큰술

미식요리에 처음 도전하는 분들을 위한
초보 코스 2

Appetizer
브리 치즈 사과샌드
062p

Dish 1
세발나물을 곁들인
바질소스 산낙지 초회
078p

Dish 2
파채를 듬뿍 올린
홍콩식 우럭찜
082p

Dessert
베리소스를 곁들인
비스킷과 바닐라
아이스크림 202p

아주 쉽지만 새로우면서도 근사한 저녁 식사를 원한다면 이 코스를 추천해요. 브리 치즈 사과 샌드는 시원한 화이트와인 한 잔을 곁들이면 식욕을 돋우기 좋답니다. 세발나물은 봄철 마트에서 흔히 만날 수 있는 식재료인데 이탈리아식 조리법으로 올리브유에 버무린 후 살짝 데친 낙지와 함께 먹으면 그동안 경험해보지 못했던 새로운 스타일로 즐길 수 있어요. 우럭찜은 찜통에 쪄낸 통통한 우럭을 통째로 올리고 파를 수북이 올린 비주얼에서 벌써 합격! 펄펄 끓는 뜨거운 포도씨유를 부으면 타닥타닥 파가 익어가는 소리에 귀까지 즐거운 퍼포먼스까지 선보일 수 있답니다. 우럭찜에는 따뜻한 밥과 잘 익은 김치를 반드시 곁들이세요. 마지막으로 비스킷에 아이스크림과 베리소스를 올리면 상큼하고 깔끔한 디저트까지 완성!

Shopping List : 우럭(800g) 1마리, 산낙지 3마리, 사과 1/2개, 로즈메리 1줄기, 대파채(흰 부분) 200g, 브리 치즈 1/2개, 바질소스 3큰술, 냉동 라즈베리(또는 산딸기) 2컵, 바닐라 아이스크림 6큰술, 비스킷 6개

친구들과 함께하는
캐주얼 파티 코스 1

Appetizer
아보카도 베이컨 스프레드와
나초칩 025p

Dish 1
방울토마토절임
샐러드 036p

Dish 2
닭날개튀김
092p

Dish 3
바비큐소스 폭립
098p

Dish 4
펜네 로제 파스타
112p

Drink
상그리아

스탠딩 파티에서도 먹기 편한 메뉴로 집들이나 파티 등에 추천하는 코스. 나초칩에 듬뿍 올려 먹는 아보카도 베이컨
스프레드는 아이들부터 어른들까지 모두 좋아할만 한 메뉴요. 상큼한 방울토마토절임 샐러드는 그냥 먹어도 맛있고
어느 요리에 곁들여도 훌륭한 사이드디쉬가 됩니다. 바삭한 닭날개 튀김과 손으로 뜯어먹는 폭립, 그냥 일회용 컵에 담아
서브해도 멋진 펜네 로제 파스타까지! 여기에 새콤달콤한 과일을 넣은 상그리아(레드와인 2컵, 오렌지주스 1컵,
탄산수 1컵을 섞고 오렌지, 레몬, 사과를 나박하게 썰어 넣는다. 시나몬스틱을 넣고 하루 동안 냉장고에서 숙성)는
술을 잘 못 먹는 사람들도 기분 좋게 취할 수 있어 한껏 파티의 기분을 낼 수 있을 거예요.

Shopping List : 돼지 등갈비 1kg, 닭날개 20개, 베이컨 5줄, 펜네 120g, 나초 16개, 아보카도 1개, 방울토마토 20개, 양파 1/2개,
어린잎 채소 1과 1/2줌(30~40g), 로즈메리 2줄기, 이탈리안 파슬리 5줄기, 토마토소스 1과 1/2컵, 생크림 1/2컵, 레몬즙 1큰술

친구들과 함께하는
캐주얼 파티 코스 2

Appetizer
살라미와 저민 마늘
060p

Dish 1
감자칩을 곁들인
새우샐러드 042p

Dish 2
데리야키소스를
곁들인 비프스테이크
128p

Dish 3
파슬리 마늘밥
140p

Dessert
그랑 마니에르
오렌지 크레페 200p

패밀리 레스토랑의 코스 요리 부럽지 않을 정도로 개성있는 메뉴들로만 구성했어요. 에피타이저부터 메인, 디저트까지
각 식재료의 진한 향과 맛을 제대로 즐길 수 있는 코스입니다. 먼저 살라미와 저민 마늘에 레드와인을 곁들여 입맛을
돋운 후 갑자칩을 곁들인 새우샐러드를 내어 보세요. 쫄깃한 새우살과 바삭한 감자칩이 어우러져 색다른 식감을
느낄 수 있어 인기 만점이랍니다. 짭쪼름한 데리야키소스의 비프 스테이크를 메인 요리로 낼 때는 마늘과 파슬리가
듬뿍 들어있는 밥을 곁들이면 맛과 향이 더욱 풍성해져요. 여기에 레드와인 한 잔을 더 따르면 100점! 식사의 마무리로
제안하는 디저트는 오렌지 크레페 그랑 마니에르의 향을 가득 머금어 단맛을 좋아하지 않는 이들도 잘 먹는 메뉴랍니다.

Shopping List : 밥 1과 1/2공기(300g), 스테이크용 쇠고기 400g, 냉동 생 새우살 100g, 살라미 8장, 양상추 1/2통, 감자 1개,
양파 1/4개, 로즈메리 2줄기, 마늘 12쪽, 이탈리안 파슬리 30g, 달걀 4개, 우유 1과 7/8컵, 생크림 3/4컵, 밀가루 1과 1/4컵, 오렌지 2개,
버터 5큰술, 오이피클 슬라이스 2쪽, 레몬제스트 1/2큰술, 레몬즙 1큰술, 그랑 마니에르 5큰술, 시판 감자칩 2줌

집에서 즐기는
제대로 된 미식 코스

Appetizer
닭가슴살무스를 채운
양송이버섯 & 참치무스를
채운 셀러리 022p

Dish 1
토마토 루콜라샐러드
032p

Dish 2
구운 마늘과 토마토를
곁들인 숙성 안심
스테이크 186p

Dessert
으깬 딸기를 넣은
스파클링와인
210p

레스토랑 보다 고급스럽게 즐길 수 있는 최고의 코스예요. 요즘 쇠고기의 응축된 맛과 향을 가득 느낄 수 있는 '에이징 스테이크'가 유행이지만 가격이 만만치 않죠? 집에서 이 에이징 스테이크를 푸짐하게 즐겨보세요. 여기에는 상큼하고 깔끔하게 즐길 수 있는 토마토 루콜라샐러드가 찰떡궁합! 메인 메뉴가 푸짐하므로 애피타이저와 디저트는 손이 많이 가지 않으면서도 색다른 메뉴인 두 가지 무스를 채운 양송이버섯과 셀러리를 선택하는 것이 좋아요. 색다른 식감에 반하게 될 겁니다. 스테이크를 즐긴 후에는 깔끔하게 마무리할 수 있는 으깬 딸기를 넣은 스파클링와인을 추천해요.

Shopping List : 쇠고기 안심(5cm 두께, 1토막) 600g, 통조림 닭가슴살 1캔(150g), 통조림 참치 1캔(150g), 토마토 2개, 방울토마토 10개, 루콜라 1과 1/2줌(30~40g), 양파 슬라이스 2쪽, 마늘 12쪽, 양송이버섯 20개, 셀러리 30cm 3대, 로즈메리 1줄기, 바질소스 2큰술, 케이퍼 10개, 홀스레디시 약간, 연겨자 약간, 딸기 10개, 스파클링 와인 1병, 케이퍼 10개, 파르미지아노 레지아노 간 것(또는 파마산 치즈 가루) 1큰술, 다진 이탈리안 파슬리 2큰술, 사과식초 2큰술, 레몬즙 1큰술

어른들을 위한
보양 상차림

Appetizer
전복 잣무침
086p

Dish 1
대구살튀김 182p
+ 양배추

Dish 2
대구 곤이 김칫국
162p

Dessert
밤, 배, 유자청을
곁들인 리코타 치즈
194p

싱싱한 제철 대구는 특별한 조리기술 없이도 멋진 요리가 된답니다. 대구 한 마리를 통째로 구입하기 부담스럽다면 백화점의 식품코너를 방문해 보세요. 부위별 대구는 물론, 곤이와 알도 따로 살 수 있답니다. 애피타이저로 전복 잣무침과 차가운 맥주를 내면 좋은데, 미리 냉동실에 맥주와 컵을 보관해 차갑게 서빙하면 감동이 두 배! 다음으로 대구살튀김이나 생고니를 전으로 만든 고니전을 추천해요. 곤이는 살짝만 익히는 것이 포인트랍니다(곤이전 : 곤이에 부침가루와 달걀물 순서로 입힌 후 달군 팬에 식용유를 두르고 앞뒤로 익힌다). 메인요리인 대구 곤이 김칫국에는 갓 지은 쌀밥과 김장김치를 곁들이세요. 밤, 배, 유자청을 곁들인 리코타 치즈로 가볍고 깔끔하게 마무리하면 땍!

Shopping List : 전복(개당 100~150g) 3개, 대구 생 곤이 200g, 생 대구살 500g, 익은 배추김치 2컵, 달걀 1개, 배 1/3개, 풋고추 1개, 청양고추 1/2개, 대파(흰 부분) 2줄기, 레몬즙 1/2큰술. 양파즙 1/2큰술. 깐 밤 4개, 잣 1큰술, 리코타 치즈 60g, 다진 오이피클 1큰술, 다진 이탈리안 파슬리 1큰술, 튀김가루 1컵, 식빵 5장(또는 시판 빵가루 3컵), 다시마 10×10cm, 유자청 2큰술, 마요네즈 1/2컵

여자들을 위한
저칼로리 날씬 코스

....

Appetizer
광어 카르파초
074p

Dish 1
가스파초
152p

Dish 2
이탈리아식
마늘 주꾸미볶음
076p

Dish 3
카펠리니
봉골레
110p

Dessert
무화과와 치즈, 꿀,
피스타치오
198p

모든 메뉴를 칼로리가 높지 않은 날씬한 메뉴로 구성해 보았어요. 광어 카르파초는 얇게 저민 쫀득한 광어살이 새콤한 소스와 함께 입맛을 돋워주기 제격이지요. 여기에 시원한 가스파초를 곁들이면 상큼함을 더해준답니다. 마늘을 듬뿍 넣어 살짝만 익혀 부드럽게 씹히는 이탈리아식 마늘 주꾸미볶음에 바삭하게 구운 마늘 바게트를 곁들이면 더욱 맛있고 든든하죠(다이어터라면 마늘 바게트는 참아주길…!). 조개육수의 깊은 맛을 가득 품은 봉골레 파스타에는 가느다란 카펠리니를 사용해 날씬한 느낌으로 즐길 수 있어요. 디저트로는 보기도 예쁘고 맛도 좋은 무화과를 추천해요. 달콤한 무화과에 칼로리도 낮고 씹을수록 고소한 피스타치오를 꿀과 함께 뿌리면 기분 좋게 식사를 마무리할 수 있을 거예요.

Shopping List : 카펠리니 1과 1/2줌(120g), 시판 광어회 300g, 주꾸미 6마리, 해감 바지락 3/4봉, 바지락 살 200g, 루콜라 1줌(20~30g), 무 50g, 배 1/10개, 양파 1/4개, 토마토 2개, 홍피망 1/2개, 청피망 1/4개, 오이 1/2개, 크레송 2줌(50~60g), 마늘 10쪽, 청양고추 1개, 무화과 4개, 페페론치노 5개, 다진 이탈리안 파슬리 3큰술, 리코타 치즈 60g, 화이트와인 1/2컵, 꿀 2큰술, 마요네즈 4큰술, 피스타치오 10개

아이들과 함께 만드는
영양 만점 코스

Appetizer
감자칩을 곁들인
새우샐러드
042p

Dish 1
또띠야 마르게리타
058p

Dish 2
미트볼 파스타
(양배추 미트볼롤
참고 096p)

Dessert
바나나
카스텔라 푸딩
205p

아이들용 메뉴를 차려 맛있게 먹이는 것도 좋지만 함께 음식을 만들며 즐거움을 나눠보는 것은 어떨까요? 특히 직접 만든 음식이라면 더욱 신기해하며 편식 없이 맛있게 먹을 거예요. 탱글한 새우와 새콤달콤한 소스의 새우샐러드는 감자칩을 곁들여 바삭함도 더해 색다른 식감이라 채소를 잘 먹지 않는 아이들도 좋아하죠. 아이들이 직접 토핑을 올려가며 또띠야 마르게리타를 만들어보는 것도 재밌고 고사리 손으로 조물조물 미트볼을 반죽하는 시간도 즐거워요. 디저트까지 아이들이 직접 만들게 해보세요. 달콤하고 부드러운 바나나 푸딩이 제격! 컵에 카스텔라를 넣고 우유를 부어 냉장고에 넣는 간단한 과정으로 만들 수 있지만 직접 만들었다는 뿌듯함에 아이들은 내내 행복함에 들뜰겁니다.

Shopping List : 다진 쇠고기 400g, 쇼트파스타 1컵, 양파 1과 1/4개, 양배추 8장, 냉동 생 새우살 100g, 양상추 1/2통, 바나나 1개, 삶은 달걀 1개, 토마토소스 2컵, 우유 1과 1/2컵, 다진 마늘 1큰술, 오이피클 슬라이스 2쪽, 레몬제스트 1/2큰술, 레몬즙 1큰술, 마요네즈 3큰술, 카스텔라 80g, 빵가루 4/5컵, 박력분 1큰술, 시판 감자칩 2줌

Index ㄱㄴㄷ순으로 찾기

Index 술과 어울리는 메뉴로 찾기

메뉴 개발 & 요리책 전문 출판사 레시피팩토리

레시피팩토리의 요리책은 식품과 요리 전문가들이 철저한 검증을 통해 만들어 믿고 따라 할 수 있습니다.
앞으로도 꼼꼼한 편집, 아름다운 비주얼을 바탕으로 소장 가치 높은 요리책을 위해 더욱 노력하겠습니다.

홈페이지 www.recipe-factory.co.kr
카카오스토리 레시피팩토리 everyday! **페이스북** @superecipe
인스타그램 super_recipe, thelight____(언더바 4개)
카카오톡 수퍼레시피 **유튜브** 레시피팩토리TV

Magazine

더 맛있는 집밥의 완성 **월간 〈수퍼레시피〉**

내부 테스트 쿡들의 실험 조리와 개발,
독자들의 검증을 거쳐 왕초보도 따라 하면 성공할 수 있는
정확하고 실용적이고 맛있는 집밥 레시피를 담았습니다.

애독자 카페 cafe.naver.com/superecipe

더 가볍고 건강한 식생활 잡지 **계간 〈더 라이트〉**

영양, 조리 전문가들이 현대 영양학에 의거해 개발한,
저칼로리, 영양 밸런스를 맞춘 레시피로
더 가볍고 건강한 식생활을 제안합니다.

애독자 카페 cafe.naver.com/thelightrecipe

100가지 샐러드, 100가지 드레싱
**〈샐러드가 필요한 모든 순간
나만의 드레싱이 빛나는 순간〉**

맛있고 스타일리시한 샌드위치
**〈샌드위치가 필요한 모든 순간
나만의 브런치가 완성되는 순간〉**

어려운 이탈리아 요리가 아닌
따뜻한 집밥으로 다시 태어난
〈소박한 파스타〉

사찰음식 연구가 정재덕 셰프의
〈채식이 맛있어지는 우리집 사찰음식〉

Cook Book

———

〈특별함이 필요한 모든 순간
이렇게 쉬운 미식 레시피〉
독자들께
추천하는 요리책들

실패 걱정 없는 홈메이드 저장식
〈병 속에 담긴 사계절〉

진짜 쉽고, 맛있고, 정확한
〈진짜 기본 요리책〉

베이킹 왕초보도 문제없다!
〈진짜 기본 베이킹〉

선물하기 좋은 디저트와 특별한 포장법
〈달콤한 디저트를 선물할래〉

특별함이 필요한 모든 순간
이렇게 쉬운 미식 레시피

1판 1쇄 펴낸 날 2016년 12월 08일

편집장	박성주
책임 편집	이정희
편집	김유진 · 구효선
메뉴 검증	배정은 · 백운숙
아트 디렉터	원유경
디자인	변바희
사진	박건주, 구은미(프레임스튜디오)
스타일링	김형님(어시스트 임수영)
마케팅	정지유 · 지은혜 · 박미주 · 서한나
영업 · 관리	조준호 · 염금미 · 윤혜영 · 이아름

펴낸이	조준일
펴낸곳	(주)레시피팩토리
주소	서울시 광진구 아차산로 262 B – 306, 903(자양동, 더샵스타시티)
독자센터	1544-7051
팩스	02-534-7019
홈페이지	www.recipe-factory.co.kr
독자카페	cafe.naver.com/superecipe
출판신고	2009년 1월 28일 제25100-2009-000038호

제작 · 인쇄	(주)대한프린테크

값 17,800원

ISBN 979-11-85473-24-6

협찬
윤현상재(younhyun.com) / 봉주르 키친(Bonjourkitchen)